**Best friends**

베스트 프렌즈 시리즈 4

# 베스트 프렌즈
# 블라디보스토크

정성헌 지음

중앙books

# 저자 소개

## 정성헌

24개국 85개 도시를 누빈 모험가. 성균관대학교 경영학과를 졸업하고 동대학원 아동청소년학과에서 공부했다. 청소년 단체에서 10여년 간 봉사하면서 우연히 학원가에 발을 들여놓은 후, 현재 입시 컨설턴트이자 수학강사로 활동 중이다. 유럽여행을 통해 치유와 화해, 회복과 도전을 경험한 이래 매년 방학과 연휴 때마다 학생들과 새 여정을 꾸리고 있다.

## 작가의 메시지

"Travel is encounter." Encounter는 '예상 밖의 만남', '새롭거나 뜻밖의 대상을 접함' 이라는 사전적 의미를 가지고 있습니다. '우연한 만남'과 '뜻밖의 상황'에서 느꼈던 감정과 행동이 '경험'과 '추억'으로 남아 인생이란 여행에 새로운 변화와 도전을 준다고 믿기에 저는 여행을 사랑합니다. 블라디보스토크는 유럽과 러시아를 온전히 경험하기에는 부족함이 있지만 아시아 국가와 도시에서 느낄 수 없었던 맛과 멋을 즐길 수 있는 도시입니다. '러시아의 샌프란시스코' 블라디보스토크 여행을 통해 러시아의 역사와 문화, 예술과 천혜의 자연환경이 선사하는 위로와 회복, 도전과 휴식을 누리시길 소망합니다.

# 일러두기

이 책에 실린 정보는 2019년 10월까지 수집한 정보를 바탕으로 하고 있습니다. 따라서 현지 볼거리·음식·쇼핑의 운영 시간, 교통 요금과 운행 시간, 숙소 정보 등이 수시로 바뀔 수 있습니다. 이 점을 감안하여 여행 계획을 세우시기 바랍니다.

## 지도에 사용한 기호

| ● 볼거리 | ● 레스토랑·카페 | ● 쇼핑 | ● 호텔 | 공항 | 항구 | 기차역 |
|---|---|---|---|---|---|---|
| 331 국도 | 철도 | 인포메이션 | 산 | 학교 | 우체국 | 은행 |
| 병원 | 약국 | 교회 | 버스 정류장 | | | |

# CONTENTS 블라디보스토크

# Must Do List

이것만은 꼭 해보자

## 1 블라디보스토크역

시베리아 횡단열차 종착점 인증사진 촬영하기

시베리아 횡단열차의 종착점으로 1893년 세워진 블라디보스토크역은 러시아건축양식의 진수를 볼 수 있는 곳이다. 특히, 플랫폼 위에 서 있는 열차와 횡단열차 기념비 앞에서의 인증샷은 필수다. 바로 옆에 있는 페리 터미널로 나가면 금각만과 금각교를 감상할 수 있다.

ВОКЗАЛ
ДИВОСТОК
ВЕСЬ СПЕКТР САНТЕХНИКИ
2-254-254

# Must Do List
## 이것만은 꼭 해보자

## 2 아르바트(포킨제독)거리

달콤한 러시아식 스낵, 블린 먹기

블라디보스토크의 가로수길이라고 할 수 있는 포킨 제독 거리는 여행자들에게 아르바트 거리로 더 잘 알려져 있다. 카페와 식당, 소품가게들이 밀집해 있고, 분수대 주변에서는 종종 거리 공연도 열려 현지 젊은이들과 여행자들이 가장 많이 몰려드는 장소다.

# Must Do List
## 이것만은 꼭 해보자

### ③ 러시아정교회(파크롭스키, 이고르 체르니곱스키)
나를 위한 기도하기

화려한 색깔의 양파 모양 지붕은 가장 러시아적인 풍경처럼 느껴진다. 블라디보스토크의 파크롭스키 사원이나 이고르 체르니곱스키 사원에서도 그런 모습을 마주하게 된다. 아름다운 러시아정교회의 건축양식과 러시아인들의 신앙을 엿보며 온화한 시간을 누릴 수 있다.

# Must Do List

이것만은 꼭 해보자

## ④ 해양공원

숨은 호랑이 찾기

사계절 내내 각종 해양 스포츠가 펼쳐지는 아무르만에 형성된 해양공원은 특히 석양이 질 무렵 붉은 노을과 바다, 유유히 떠 있는 배들이 절경을 이루는 곳이다. 대관람차를 비롯한 놀이기구와 음악분수, 해산물시장과 음식점 등 다양한 볼거리와 즐길 거리가 한데 펼쳐진다.

# Must Do List

이것만은 꼭 해보자

## 5 독수리 전망대

금각교 내려다보기

블라디보스토크에서 가장 높은 해발 200m에 위치하고 있는 독수리전망대에 오르면 금각만과 금각교, 아무르만까지 도시 전체를 조망할 수 있다. 짙은 안개가 자욱한 날에는 신비로운 분위기를 자아낸다.

# Must Do List

이것만은 꼭 해보자

### ❻ 해군 잠수함 박물관

극동의 부동항, 블라디보스토크의 역사 더듬기

제2차 세계대전 당시 독일 군함 10대를 침몰시킨 성과를 거둔 소련 태평양 함대 잠수함 S-56은 박물관으로 탈바꿈되어 여전히 순항 중이다. 박물관 주변에는 조국을 위해 생명를 바친 호국영령들을 기리는 꺼지지 않는 불꽃과 마지막 황제였던 니콜라이 2세의 개선문, 도시박물관 등이 모두 모여 있다. 여행자들이 블라디보스토크와 러시아의 매력에 흠뻑 빠질 수 있는 장소임에 틀림없다.

# Must Eat List

## 블라디보스토크를 맛보다, 대표 메뉴 베스트

**유럽과 아시아를 거느린 유라시아 대륙의 너른 품에서 다양한 나라와 민족의 음식 문화를 즐겨볼 것. 소련 붕괴 이후 맥도날드를 비롯한 미국과 유럽의 프랜차이즈 음식점들이 우후죽순 생겨나 이젠 러시아 음식점을 따로 찾아가야 하는 상황이 되었지만, 여전히 고유의 풍미를 볼 수 있는 곳들이 있다. 러시아 전통 요리는 조지아와 중앙아시아 음식이 주를 이룬다. 한국인들에게는 다소 짜고 기름지게 느껴질 수 있지만, 색다른 맛의 세계를 열어 줄 것이다.**

### 보르쉬
Борщ

감자와 당근, 양파와 양배추 등 다양한 채소를 넣고 끓인 수프로 김치찌개 같지만 얼큰하진 않고, 개운한 맛이 나는 음식이다. 스메타나(사워크림)를 기호에 맞게 넣어 먹기도 하는데, 맛을 봐가면서 조금씩 넣어 도전해 보도록 하자.

### 샤슬릭
Шашлык

꼬치에 고기(소, 돼지, 닭, 양)와 채소(파프리카, 양파, 오이)를 번갈아 가면서 꽂아 숯불에 구워 먹는 숯불구이로 중앙아시아 지역 음식이다. 양고기가 기본이지만 육류를 비롯해 해산물까지 함께 구워 먹는다.

### 펠메니
Пельмени

다진 고기와 양파, 양배추를 넣은 만두. 우리가 먹는 만두보다 만두피가 두껍고 특유의 향신료가 들어가서 입맛에 맞지 않을 수도 있다. 한국의 찐만두, 군만두, 만둣국과 같이 조리방법에 따라 다양한 펠메니를 맛볼 수 있다.

### 블린
блин

가장 오래된 대중 음식이라고 할 수 있는 러시아식 팬케이크다. 얇고 크게 구워낸 팬케이크 위에 햄이나 버섯, 각종 고기류를 올리면 가벼운 한 끼 식사가 되고 꿀이나 잼, 과일과 아이스크림을 올리면 근사한 디저트가 된다.

### 감자

감자를 좋아하는 러시아인들은 다양한 감자 음식을 즐긴다. 삶은 감자를 으깨고 햄, 달걀, 각종 채소를 마요네즈와 섞어 만들어 먹는 올리비에Оливье를 비롯해 웨지감자, 감자샐러드 등을 사이드 메뉴로 주문하자.

### 힌칼리
Хинкали

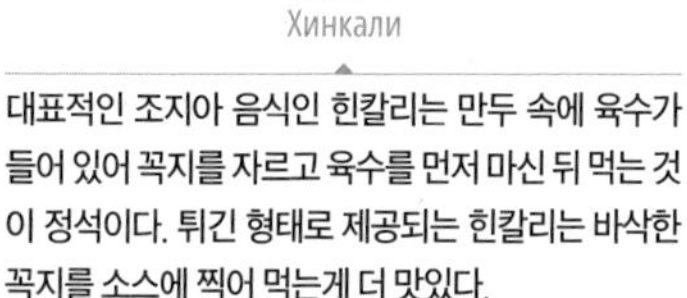

대표적인 조지아 음식인 힌칼리는 만두 속에 육수가 들어 있어 꼭지를 자르고 육수를 먼저 마신 뒤 먹는 것이 정석이다. 튀긴 형태로 제공되는 힌칼리는 바삭한 꼭지를 소스에 찍어 먹는게 더 맛있다.

### 하차푸리
Хачапури

치즈를 듬뿍 넣은 조지아식 피자인 하차푸리는 고소한 맛이 일품이다. 가운데 달걀을 올린 아자르스키 Хачапури по-аджарскп가 인기 메뉴다. 치즈 덕에 다소 느끼할 수 있으니 고기류나 샐러드류와 함께 주문해서 먹는 것이 좋다.

### 크바스
Квас

밀과 보리를 발효시켜 만든 러시아식 맥주로 '발효시키다' 라는 뜻의 러시아어 크바스티 квасть에서 유래했다. 키예프 공국 이전부터 가정에서도 손쉽게 담가 마셨던 전통 음료로 기호에 따라 크랜베리, 체리, 레몬 등을 첨가해서 마신다.

### 플로프
Плов

중앙아시아 스타일의 볶음밥이다. 양고기 또는 소고기와 채소, 그리고 밥을 볶아서 만든다. 대체로 우리 입맛에 맞지만 식당에 따라서 밥의 익힘 정도가 다를 수 있다.

### 러시아식 베이커리

러시아 전통도넛인 피쉬카 Пышка는 달지 않고 포만감이 많이 느껴지지 않기 때문에 커피와 함께 곁들이면 가벼운 간식이 된다. 흑빵 чёрный хлеб은 보통 식전 빵으로 제공되는데, 수프를 찍어 먹거나 햄이나 치즈를 올려 먹는다.

# Must Buy List

## 내 손안의 블라디보스토크, 추천 쇼핑 아이템

러시아에서 야무지게 쇼핑하기란 생각보다 쉽지 않다. 루블화 폭락으로 인해 가격 경쟁력이 생겼다곤 하지만 의류나 액세서리 같은 소비재는 유럽 국가들과 비교했을 때 가격이 저렴하지 않다. 그렇다면 러시아적인 미감과 합리적인 가격을 자랑하는 아이템은 무엇일까? 여기 눈 여겨 볼 만한 기념품 목록을 펼친다.

### 마트료시카
Матрёшка

다산과 풍요의 상징으로 18세기 후반부터 러시아 농가에서 장난감으로 만들어졌다고 전해진다. 지금은 러시아를 대표하는 기념품을 넘어 러시아의 또 다른 상징으로 자리매김했다. 보통 5개의 나무 인형이 겹쳐진 형태인데 더러 30개 이상인 것도 있다. 고가일수록 그림이 정교하고 크기가 작더라도 이목구비가 뚜렷하게 그려져 있다. 대표적인 모양은 러시아 전통 복장을 입은 여성이지만, 러시아 대통령을 비롯해 유명 인사들을 캐릭터화 한 제품들까지 종류가 점차 늘어나고 있다.

### 화장품
Косметика

시베리아의 청정지역에서 생산된 천연 재료로 만든 유기농 화장품은 가성비가 뛰어날 뿐 아니라 실용적이어서 여행자들에게 인기가 높다. 특히 내추라시베리카 제품은 보습력이 뛰어난 보습크림과 핸드크림으로 유명하며, 넵스카야 당근크림, 아가피아 할머니 레시피의 샴푸와 크림은 이미 국내에도 많이 알려진 좋은 제품이다. 프랑스 국민 화장품인 이브로셰와 마트에서 판매하는 로레알 화장품도 매우 저렴하게 구입 가능하다.

### 보드카
Водка

보드카의 원산지답게 러시아 전역에서 다양한 보드카를 저렴하게 맛볼 수 있다. 증류수(무색, 무취, 무미)인 보드카는 도수가 40도나 되기 때문에 냉동실에 넣어 두어도 얼지 않는다. 길고 추운 겨울을 보내야 하는 기후 특성상 생존을 위해 마시게 되었다는데 묘한 설득력이 있다. 귀국 시 주류 면세한도가 1인당 400달러 이하 1L 기준 1병이라는 점은 애주가들에게 매우 아쉬운 부분이지만 러시아에 체류하는 동안엔 고급 보드카를 실컷 마실 수 있음을 위안으로 삼아야겠다.

## 꿀
Мёд

고대 그리스에서 신들의 식량이라고 불렸던 꿀은 면역력 증강과 피로회복은 물론 피부 질환에도 사용될 만큼 우리 몸에 좋다고 알려져 있다. 러시아에서 생산되는 꿀은 청정지역에서 채취되어 품질이 우수하기로 유명하다. 특히, 유네스코 세계문화유산으로 지정된 러시아 바시키리아에서 생산되는 꿀은 세계 5대 꿀로 손꼽힌다. 밤꿀, 잣꿀, 배꿀, 보리수꿀 등 종류도 다양하고 가격도 저렴하니 넉넉히 구입할 것.

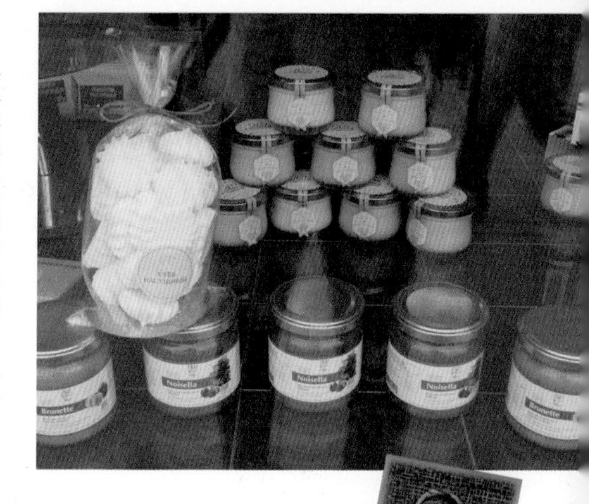


## 초콜릿
Шоколад

귀여운 러시아 아기 얼굴이 그려져 있는 알룐카 초콜릿은 우리나라 대형마트에서 판매되고 있을 만큼 낯익은 아이템이다. '알룐카'는 러시아 최초 여자 우주인의 이름인데, 초콜릿에 그려진 아기는 그녀와는 아무 관계도 없는 어느 사진작가의 딸이라고 전해진다. 알룐카 초콜릿 매장에 가면 초콜릿과 사탕, 과자들을 구입할 수 있고, 일반 슈퍼마켓에서도 구입할 수 있다.

## 그림책

먹고 마시는 선물이 아닌 오랫동안 두고 볼 수 있는 소장품이나 특별한 선물이 필요하다면 서점으로 가보자. 물론 해독할 수 없는 러시아어로 된 책을 선물하는 것은 돈 낭비고 상대방에 대한 실례(?)일지 모르나, 그림만으로도 내용 전달이 될 수 있는 그림책은 아동들뿐만 아니라 성인들에게도 충분히 공감과 감동을 줄 수 있다. 에우게니 M. 라초프의 「장갑」, 레프 톨스토이의 「우화 그림책」, 블라디미르 투르코프의 「아기 곰 형제와 아우」 등 우리나라에 잘 알려진 그림책들도 많으니 잠시 서점에 들러 동심의 세계로 들어가 보는 건 어떨까?

## 차가버섯
ЧАГА

솔제니친의 소설 「암병동」에도 등장했던 차가버섯은 러시아에서 16세기부터 불치병을 치료하는 약으로 전해 내려왔다. 시베리아와 북아메리카, 북유럽 등 북위 45도 이상 지방의 자작나무에서 기생하는 버섯으로 암 예방과 치료, 혈당조절 등에 탁월해 러시아의 검은 보석이라고 불린다. 약국이나 슈퍼마켓에서 차가버섯 엑기스, 차, 분말 형태를 저렴하게 판매하고 있다. 부모님 선물로 제격이다.

## Festival & Event

### 여행을 풍성하게, 지역 축제

**블라디보스토크만이 가진 매력을 제대로 느끼고 싶다면 시즌별로 열리는 축제에 참가해 보자. 태평양 연안에 위치한 지리적 특징을 살려 얼어붙은 바다 위를 달리는 마라톤이 개최되거나, 우리 눈과 입을 즐겁게 만드는 킹크랩 축제가 펼쳐진다. 블라디보스토크이기에 가능한 다양하고 특색 있는 축제를 만나러 간다.**

### 블라디보스토크 아이스런
Vladivostok Ice Run

매월 2월, 얼어붙은 바다 위에서 펼쳐지는 이색 마라톤 대회. 하프(21.1km), 10km, 5km 그리고 어린이들을 위한 500m 코스로 나뉘어 진행된다. 코스별 우승자에게는 상금 30만rub과 우승컵이 수여되고 완주자들에게는 아이스 레이스 기념 메달을 수여한다. 2월에 블라디보스토크를 여행한다면, 바다 위를 걷는 신비를 경험해 봐도 좋겠다.

**홈페이지** www.vladivostokice.run

### 킹크랩 축제
King crab festival

2016년 처음 열린 킹크랩 축제는 블라디보스토크를 알리는 계기가 되었다고 해도 과언이 아닐 만큼 큰 성황을 이루었다. 축제 기간 동안 참여하는 식당에서는 평소 가격의 50%가량 할인된 1kg당 1200rub 시세에 킹크랩을 즐길 수 있다. 하바롭스키, 사할린, 우수리스크까지 참여 도시가 늘어가는 추세다. 하반기에 이곳을 찾는 여행자들라면 놓쳐선 안 될 행사다.

**홈페이지** kingcrabrussia.ru/kr

### 전승기념일
Victory Day

조국전쟁(1941~1945) 기념일인 5월 9일 전후로 펼쳐지는 전승기념행사. 극동의 군사 요충지 블라디보스토크는 물론이고 러시아 전역에서 개최된다. 특히 퍼레이드는 러시아의 위상과 막강한 전력을 과시하기 위해 한껏 화려하게 펼쳐진다. 블라디보스토크에서는 퍼레이드와 함께 불꽃쇼도 열린다.

**홈페이지** www.vlc.ru

## 블라디보스토크 아시아·태평양 국제영화제
International Film Festival of Asian-Pacific countries in Vladivostok

9월 중 1주일간 열리는 아시아·태평양 국제영화제. 한국을 비롯한 아시아 국가들의 영화들이 도시 곳곳에서 상영되고, 세계 각국의 배우와 감독들이 블라디보스토크를 찾아온다. 전주/부산국제영화제 등 아시아 곳곳에 영화제가 열리면서 과거보단 크게 주목 받지 못하고 있지만, 9월 여행자들이라면 러시아만의 영화축제를 즐겨봐도 좋겠다.

**홈페이지** www.pacificmeridianfest.ru

## 국제 록 페스티벌
International Rock Festival

세계 각국의 30여 밴드가 참여해 도시 전체를 들썩이게 만드는 국제 록 페스티벌. 매년 8월 해양공원 특별 무대에서 열리는 공연에는 10만 명 이상이 참여하며, 온라인 채널을 통해 35만 명 이상이 시청하는 것으로 알려져 있다. 음악과 스포츠, 미술이 어우러진 종합 예술 축제로 확장되는 추세다.

**홈페이지** www.vrox.org

INFORMATION
# 여행 기초 정보

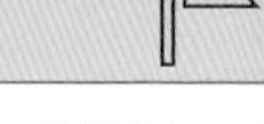

## 러시아에 대한 기본 상식

유럽과 아시아를 아우르는 유라시아 대륙(세계 영토의 39%)의 대부분을 차지하고 있는 러시아는 한반도의 78배, 미국의 1.8배에 달하는 세계 최대 영토 보유국이다. 북쪽으로는 북극해, 동쪽으로 태평양을 접하고 있다. 서쪽으로는 핀란드, 노르웨이, 에스토니아, 리투아니아, 벨라루스, 라트비아, 우크라이나, 폴란드와 접해 있고, 남쪽으로는 카자흐스탄, 조지아, 아제르바이잔, 몽골, 중국, 북한과 접해 있다. 세계 최대 지하자원, 세계 최초 인공위성 발사, 세계 최장 철도 등 다양한 분야의 타이틀을 가지고 있다. 21개 공화국, 49개 주, 6개 지방, 1개 자치주, 10개 자치구, 2개 특별시 등 총 89개의 연방 주체로 구성되어 있다. 이 책에서 소개하는 블라디보스토크는 6개의 지방에 속하는 연해주의 주도다.

- 공식 명칭 러시아 연방(Russia Federation)
- 언어 러시아어
- 인구 약 142,257,519명(세계 9위 CIA 기준)
- 종교 러시아정교(15~20%), 이슬람교(10~15%), 기타 기독교(2%)
- 면적 17,098,242㎢(세계 1위 CIA 기준)
- 통화 루블(ruble / 1rub=약 18원)
- 화폐 단위 5루블, 10루블, 50루블, 100루블, 500루블, 1000루블, 5000루블
- 종족 러시아인(79.8%), 타타르인(3.8%), 우크라이나인(2%), 기타(14.4%)
- 건국일 1991년 8월 24일
- 시차 우리나라보다 1시간 느림(블라디보스토크 표준시 기준)
- 기후 춥고 긴 겨울과 짧고 서늘한 여름을 지닌 대륙성 기후의 전형

## 국기

흰색은 고귀함과 고상함, 진실, 자유, 독립을 의미하며 파란색은 정직과 헌신, 순수와 충성을 의미한다. 빨간색은 용기와 사랑, 자기희생을 의미한다. 전통적으로는 천상세계-하늘-속세라는 의미로 설명하기도 했고 벨라루스-우크라이나-러시아의 통합을 의미하기도 했다.

## 문장

러시아 문장은 시대에 따라 같은 그림에 다른 상징적 의미를 부여했다. 제정 러시아 당시 독수리의 쌍두 위에 있는 세 개의 왕관은 통합 러시아의 국가를 상징했고, 오른쪽 발에 있는 홀은 세속 통치자의 권위, 왼쪽 발에 있는 황금구는 전 세계의 그리스도교회를 상징했다. 독수리 가슴에는 말을 타고 있는 게오르기 승리자가 용을 창으로 찌르는 모습을 하고 있다. 현재는 쌍두독수리 머리 위에 있는 세계의 왕관은 행정, 입법, 사법권을 상징하며, 오른쪽 발에 있는 홀과 황금구는 주권 수호의 의지와 국가의 통일성을 상징한다.

## 기후

세계에서 가장 넓은 영토를 가진 나라답게 지역에 따라 다양한 기후대를 가지고 있다. 물론 도시 대부분은 영하 10~40도까지 내려가는 추운 겨울이 10월부터 3월까지 계속되며, 여름은 5월에 시작되어 한낮 최고 온도가 30도를 오르내린다. 일교차가 심하므로 한겨울이 아니더라도 얇은 옷을 여러 벌 준비하는 것이 좋다. 러시아 주택은 냉난방이 잘 되어 있으므로 실내에서 생활한다면 걱정하지 않아도 되지만, 겨울 러시아 여행에 두꺼운 방한복은 필수다.

## 시차

러시아는 무려 11개의 상이한 시간대를 거느린다. 모스크바 기준시(MSK)는 대한민국보다 6시간 느리다.

- 모스크바 / 상트페테르부르크 / 카잔 / 소치 / 니즈니노브고로드 MSK
- 예카테린부르크 / 우파 / 페름 MSK+2
- 옴스크 MSK+3
- 크라스노야르스크 MSK+4
- 이르쿠츠크 / 바이칼 호수 / 울란우데 MSK+5
- 블라디보스토크 / 하바롭스키 MSK +7

## 공휴일

**1.1** 설날
**1.7** 그리스 정교회 성탄절
**2.23** 조국 수호의 날
**3.8** 여성의 날
**5.1** 근로자의 날
**5.9** 전승기념일
**6.12** 러시아의 날
**11.14** 국민화합의 날

러시아는 우리나라처럼 대체 휴일제를 시행하고 있다. 공휴일이 주말과 겹칠 경우 전후로 휴일을 정한 러시아인들은 연말과 연초, 5월 초에 대대적인 휴가를 떠나기 때문에 이 시기에 여행을 할 경우 꼼꼼한 준비가 필요하다.

## 흡연

러시아는 길거리에서 흡연하는 사람들이 매우 많다. 실내 흡연은 법적으로 금지된 반면 실외 흡연엔 특별한 제한을 두지 않기 때문이다. 담배를 구입 할 수 있는 장소와 구입 시간도 제한을 두고 있다.

## 치안

결론부터 말하자면 러시아는 여행하기에 안전한 국가다. 대도시 모스크바와 상트페테르부르크만큼은 아니지만, 여행하다 보면 시내 곳곳에 수많은 경찰들을 만날 수 있다. 과거에는 부패한 경찰들이 여행자들을 상대로 금품을 갈취하는 일도 있었다고 하지만 이는 과거의 이야기일 뿐이다. 소매치기나 유럽에서 흔히 볼 수 있는 집시들도 러시아에서는 비교적 찾아보기 힘들다. 다만 국내에서도 늦은 시간이나 한적한 골목길은 위험한 것처럼 외국에서도 가급적이면 대로를 이용하고, 사람이 붐비는 장소에서는 소지품 분실이나 도난에 주의해야 한다.

## 음주

보드카의 나라답게 동네 슈퍼마켓에도 주류 코너를 따로 갖춰 놓고 판매한다. 하지만, 공식적으로 09:00~23:00에만 구입이 가능하기 때문에 시간이 넘으면 주류 코너 쪽은 입장 불가이거나 계산을 해주지 않는다. 구입 제한시간을 넘길 경우에는 식당이나 바에서만 마실 수 있다. 또한 공공장소나 길거리에서 술을 마시는 행위는 엄격하게 금지하고 있으니 주의해야 한다.

## 물

석회질이 많은 것으로 유명한 러시아에서 수돗물을 그대로 마시는 현지인 또는 여행자들은 없다. 먹는 물뿐만 아니라 양치할 때 마지막 헹구는 물도 생수로 하는 것이 좋다. 슈퍼마켓에서 판매하는 물은 일반(Негазированнаявода, Still water), 탄산(Газированная вода, Sparkling water)수로 구분된다. 일반물을 마실 경우 'He'를 기억하자.

## 비자

러시아는 2014년 발효된 한·러 비자면제협정에 의해 60일 동안 무비자로 여행이 가능하다. 이 경우에는 60일을 초과할 수 없고, 180일 내에 90일을 초과하여 체류할 수 없기 때문에 장기간 체류할 경우에는 비자를 발급받아야 한다.

## 출입국 신고

입국 시 심사관이 건네주는 입국서류는 출국 시 다시 제출해야 한다. 분실할 경우 거주지 등록이 불가능하고, 출국 시 벌금을 물고 재발급해야 하기 때문에 절대 잃어버리지 않도록 주의한다.

## 거주지 등록

러시아에서는 한 도시에 7일 이상 체류할 때 반드시 거주지 등록을 해야 한다. 예를 들어 모스크바에서 7일을 머물고 상트페테르부르크에 5일을 머무는 경우, 모스크바에서는 거주지 등록을 하고 상트페테르부르크에서는 거주지 등록을 하지 않아도 된다. 대부분 호텔이나 호스텔, 민박업소에서 거주지 등록을 무료로 해주기 때문에 만약의 경우를 위해 등록증을 받아두는 게 좋다. 역이나 버스터미널에서 경찰의 검문이 있을 때 당황하지 않으려면 거주지 등록증과 출입국 신고서 그리고 여권을 항상 소지해야한다.

**+Plus** 러시아와 스킨헤드

스킨헤드skinhead란 영국 항구도시에서 일하던 흑인 노동자들을 가리키는 말이었다. 거칠고 험한 일을 하던 이들은 머리에 이가 생기지 않도록 삭발을 했고, 육체를 보호하기 위해 청바지와 징을 박은 구두를 신었다. 그저 고단한 일과를 마치고 맥주를 마시거나 축구를 즐겼던 평범한 이들이 변질된 의미를 지니게 된 건 주변국에서 각기 다른 성향을 지닌 스킨헤드족으로 분화되기 시작하면서부터다. 외국인 노동자들이 자신들의 일자리를 빼앗는다고 여긴 백인 청년들은 점차 백인우월주의, 극우민족주의자 성향을 갖게 되었고, 독일을 중심으로 유럽, 호주, 미국, 뉴질랜드로 퍼져나가기 시작한다. 결국 1990년대부터 확산하기 시작한 신나치주의 세력과 결집하면서 심각한 사회문제로 대두됐다.

2010년에는 러시아 현지 한인 유학생이 스킨헤드에 집단 폭행을 당하는 일이 연쇄적으로 발생했고, 모스크바 연방법원에서 스킨헤드 관련 업무에 종사하던 판사가 의문의 테러로 암살되는 사건이 일어나자 러시아 주요 도시들은 스킨헤드와의 전쟁을 선포했다. 여전히 러시아에는 5만 명 이상의 스킨헤드가 조직적으로 활동하고 있는 것으로 알려졌지만, 크고 작은 국제행사들을 유치하면서 관광 활성화에 나선 러시아 정부 역시 그 어느 때보다 이들에 대한 경계심이 극에 달해 있으므로 여행 중 지켜야 할 기본적인 원칙만 잘 지킨다면 안전하게 러시아를 즐기고, 느끼고, 경험할 수 있을 것이다.

# 블라디보스토크 지역 정보

## 기본 정보

인구 61만 7000명
전화번호 국가번호 +7 도시번호 423
시차 서울 +1시간, 모스크바 +7시간
면적 600㎢

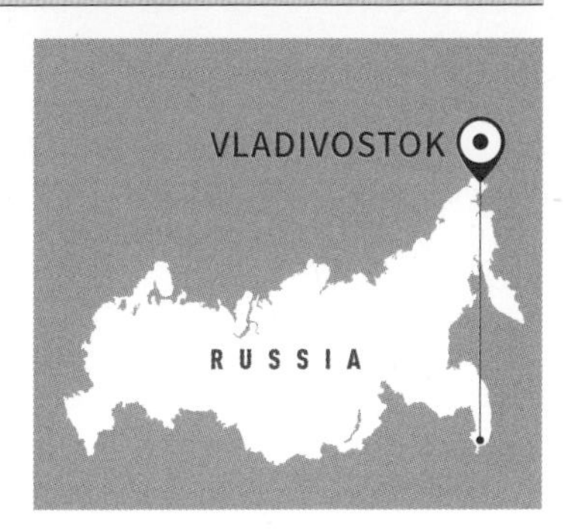


## 날씨

**겨울 11~3월** 하루 종일 영하이기 때문에 목도리, 장갑, 털모자, 핫팩은 필수 준비물이다. 강수량이나 강수일이 적기 때문에 눈에 대한 걱정은 크게 하지 않아도 된다.

**봄 4~5월** 서울의 3월 중순 기온과 비슷하기 때문에 많이 춥진 않지만 겉옷과 장갑을 준비해야 하고 비가 오는 날이 점차 많아지니 우산이나 우비를 준비해야 한다.

**여름 6~8월** 우리나라 늦봄이나 초가을 날씨이기 때문에 얇은 겉옷을 준비해야 하고, 3일에 하루는 비가 내리기 때문에 이를 대비해야 한다.

**가을 9~10월** 덥지도 춥지도 않은 여행하기 최적의 기온이다. 다만 4일에 1일 정도는 비가 내리기 때문에 우산이나 우비, 얇은 겉옷을 준비해야 한다.

| 계절 | 겨울 | | | | | 봄 | | 여름 | | | 가을 | |
|---|---|---|---|---|---|---|---|---|---|---|---|---|
| 월 | 11월 | 12월 | 1월 | 2월 | 3월 | 4월 | 5월 | 6월 | 7월 | 8월 | 9월 | 10월 |
| 최고 | -2.8 | -5.5 | -8.8 | -5.9 | 1.7 | 9.1 | 14.7 | 17 | 21 | 23 | 19.1 | 12.4 |
| 최저 | -4.2 | -12.5 | -16.3 | -13.7 | -5.6 | 1.3 | 6.4 | 10.6 | 15.4 | 17.4 | 12.5 | 5.2 |
| 강수량 (mm) | 38 | 18 | 15 | 19 | 25 | 54 | 61 | 100 | 124 | 153 | 126 | 66 |
| 강수일 | 6 | 2 | 0.8 | 0.7 | 3 | 9 | 13 | 14 | 15 | 15 | 15 | 12 |

**Tip** 주요 연락처

주 블라디보스토크 대한민국 총영사관

**주소** Пологая улица, 19 Ulitsa Pologaya, 19 **홈페이지** overseas.mofa.go.kr/ru-vladivostok-ko

**전화** +7 (423) 240-22-22 (야간·휴일 +7 (914) 712-0818) **업무시간** 월~금 09:00~18:00 (토,일 휴무)

· KOTRA +7 (423) 240-7104~7
· 한국교육원 +7 (423) 251-5303
· 한국관광공사 +7 (423) 265-1163
· 연해주 한인회 +7 (423) 249-1153

TRANSPORTATION
# 블라디보스토크 교통 정보

**블라디보스토크는 한국과의 가까운 거리, 직항 스케줄의 증편 등으로 한국인 여행자들의 발길이 날로 잦아지고 있다. 다음의 교통 정보는 보다 쉽고 빠르게 도시에 닿는 법을 소개한다.**

## 항공

국내에서는 대한항공, 제주항공, 이스타항공, 오로라항공(아에로플로트 공동운항), 시베리아항공(S7)이 인천과 블라디보스토크를 오가고 있다. 최근 폭발적인 여행객 증가로 부산(오로라항공, 에어부산), 대구(티웨이항공), 청주(야쿠티야항공), 양양(야쿠티야항공)등 지방 공항에서 출발하는 정기 노선들이 취항함에 따라 블라디보스토크로 가는 하늘길이 더욱 활짝 열리고 있다. 소요시간은 인천을 기준으로 2시간 30분 정도 걸리며 북한 영공을 통과하는 외국 항공사를 이용할 경우 2시간이면 도착한다.

### 블라디보스토크 크네비치 국제공항

도심으로터 약 50km 떨어진 곳에 위치하고 있으며 2012 APEC 정상회의를 앞두고 건설되었다. 국제선과 국내선 터미널을 따로 두지 않아 이용에 편리하며, 공항 내에서 무료 무선 인터넷 이용이 가능하다. 공항 내에는 환전소, 카페, 식당, 통신사 등이 입점해 있고, 특히 해산물 판매점은 시내에서 구입하는 가격과 비슷하기 때문에 많은 여행자들이 즐겨 찾는다.

**주소** Артём, улица Владимира Сайбеля, 41 Artem, Primorskiy kray **전화** +7 (423) 230-69-09 **홈페이지** www.vvo.aero

### 환전

국내에서 USD로 환전한 후 현지에서 다시 루블화로 환전하는 방법을 추천한다. 여행경비가 많지 않은 경우 블라디보스토크 도착 후 공항 1층에 있는 환전소를 이용하자. 국내 은행이나 인천공항에서 환전하는 것보다 경제적이다.

### 심카드

1층 출국장을 나오면 오른쪽에 MTC 심카드를 판매하는 곳이 있다. 체류 기간이나 통화, 데이터 사용 등 구입 용도를 말하면 적당한 옵션을 제시해준다. 1주일 이내로 여행하는 경우 400rub 이하가 적당하다.

## 공항에서 시내로 들어가는 방법

### 1 공항철도

공항에서 시내로 올 경우 공항 입국장 1층 우측에 있는 연결 통로를 지나면 공항철도역이 나오니 발권 후 기다리면 된다. 반대로 시내에서 공항으로 올 경우 블라디보스토크역 좌측에 있는 공항철도역에서 발권 후 플랫폼으로 내려가서 탑승하면 된다. 열차 안에서 탑승권 검표를 1~2회 하기 때문에 꼭 소지해야 한다.

**주소** ул. Владимира Сайбеля, 41, Artem, Primorskiy kray **전화** +7 (800) 700-33-77 **홈페이지** www.expresspk.ru

| | | |
|---|---|---|
| 요금 | 이코노미석 | 250rub |
| | 비즈니스석 | 380rub |
| 시간 | 블라디보스토크 공항 ➡ 블라디보스토크역 | 07:42~08:36<br>08:30~09:24<br>10:45~11:39<br>13:15~14:09<br>17:40~18:34 |
| | 블라디보스토크역 ➡ 블라디보스토크 공항 | 07:10~08:04<br>09:02~09:56<br>11:51~12:45<br>16:00~16:54<br>18:00~18:54 |

### 2 페리

동해와 블라디보스토크를 매주 1차례 왕복하는 페리가 운항 중이다. 하지만 여행자들이 이용할 수 있는 식당, 사우나, 노래방 등 편의시설들이 두루 갖추어져 있어 크루즈 여행을 즐기는 단체 관광객들에게 사랑받고 있다.

**블라디보스토크 여객선 터미널**

블라디보스토크역과 나란히 있는 여객선 터미널은 도심에 있어 공항에 비해 이동이 편리하다. 여객선 터미널에서 올려다보는 금각만의 모습은 독수리전망대에서 보는 것과 또 다른 느낌을 준다. 페리를 이용하지 않더라도 꼭 방문하자.

**주소** Нижнепортовая улица, 1 Nizhneportovaya Ulitsa, 1 **전화** +7 (423) 249-73-53 **홈페이지** www.vlterminal.ru

**Plus** DBS 크루즈훼리 이용법

<table>
<tr><td rowspan="4">운항 스케줄</td><td rowspan="2">하절기<br>(3~11월)</td><td>매주 수요일 14:00<br>블라디보스토크 출발<br>목요일 10:00 동해 도착</td></tr>
<tr><td>매주 일요일 14:00 동해 출발<br>월요일 13:00<br>블라디보스토크 도착</td></tr>
<tr><td rowspan="2">동절기<br>(12~2월)</td><td>매주 화요일 17:00<br>블라디보스토크 출발<br>수요일 14:00 동해 도착</td></tr>
<tr><td>매주 일요일 14:00 동해 출발<br>월요일 15:00<br>블라디보스토크 도착</td></tr>
<tr><td>운임</td><td colspan="2">이코노미 클래스 편도 22만 2000원<br>왕복 37만원</td></tr>
<tr><td>예약</td><td colspan="2">예약 출발 당일 구매 불가능, 인터넷 예약은 되지 않고 전화, 팩스, 이메일로 예약 가능. 예약 시 여권정보 및 연락처 필수.<br>시간 : 수 14:00~16:00<br>목, 금 09:00~16:00<br>전화 : 02-548-5557 / 033-531-5611<br>러시아 : 070-7725-5584<br>팩스 : 02-548-5503 033-531-5613<br>이메일 : dbsferry@dbsferry.com</td></tr>
</table>

## 시내교통

### 1 버스

일반 여행자들이 주로 찾는 관광, 음식, 쇼핑 스폿들이 도심에 몰려 있다 보니 교통수단을 이용하는 경우는 공항이나 역으로 갈 때, 혹은 루스키섬처럼 도심에서 거리가 있는 경우로 제한된다. 버스는 거리에 상관없이 20rub이면 이용이 가능해서 저렴하고 안전하게 이용 가능하다. 뒷문으로 타고 내릴 때는 기사에게 직접 요금을 지불하고 앞문으로 내린다.

### 2 택시

일반 택시의 경우 영어로 의사소통이 어렵고, 택시비를 흥정해야 하는 경우도 있기 때문에 택시 어플인 막심(Taxi Maxim, www.taxi-maxim.com)을 이용해 택시를 부르고 계산도 하는 방법을 추천한다. 단, 우버 택시와는 달리 현금으로 지불해야한다 는 점이 단점이다. 기본요금은 150rub이며 1km당 10rub의 추가 요금이 있다.

### 3 트램

1912년부터 운행을 시작한 트램은 다른 교통수단의 발달로 인한 경제성 한계로 한 개 노선만 남아 있다. 주요 관광지가 아닌 지역에서 운행되지만, 저렴한 요금(13rub)으로 블라디보스토크 사람들의 일상을 경험해 볼 수 있는 매력 때문에 한 번쯤 이용해볼 만하다. 시내에서 스포르티브나 야시장(Sportivnaya st)으로 버스로 이동하여, 재래시장을 둘러보고 시장에서 출발하는 트램을 타 보는 경로를 추천한다.

BEST COURSE

## 블라디보스토크 추천 여행 일정

### 블라디보스토크 완전 정복! - 기본 코스 3박 4일 일정

블라디보스토크는 대부분의 관광지가 도심에 집중되어 있어서 대중교통을 이용하지 않고 도보 여행이 가능한 매력적인 도시다. 다만 도시 서쪽인 해양공원과 동쪽인 독수리전망대까지의 거리는 결코 짧지 않으므로 일정에 따라 지역을 구분해 여정을 설계하는 것이 보다 효율적인 방법이다.

| 일수 | 지역 | 세부 일정 |
|---|---|---|
| 1DAY | 블라디보스토크역<br>포킨제독거리<br>해양공원 | - 블라디보스토크역 **시베리아 횡단열차 기념비** 인증 사진 남기기<br>- **국립 연해주미술관**에서 이콘화, 러시아 대표 작가 작품 감상<br>- 여행자들의 베이스캠프 **포킨제독거리** 둘러보기<br>- 전문 레스토랑에서 **러시아 음식**의 진수를 맛보기<br>- **해양공원**에서 석양 감상하며 산책하기<br>- **카페**에서 달콤하게 하루 일정 마무리 |
| 2DAY | 중앙광장 | - 카페(**우흐 뜨 블린** 추천)에서 아침식사<br>- 혁명 선전의 공간에서 시민의 공간이 된 **중앙광장**<br>- **니콜라이2세 개선문**을 지나 **해군 잠수함박물관** 승선<br>- 러시아에서 맛보는 아시아 음식<br>(점심식사는 한식당 또는 중식당에서)<br>- 푸니쿨라타고 **독수리전망대**에 오르기<br>- 쇼핑(굼백화점,미니굼,추다데이,약국)후 저녁식사<br>- **아케안영화관**에서 최신 영화보기 |
| 3DAY | 루스키섬 외곽 | - 카페(**쇼콜라드니차 추천)에서 아침식사** 후 이동<br>(도심→루스키섬)<br>- 자전거 타고 **극동연방대학 캠퍼스** 돌아보기<br>- **프리모르스키 오셔너리움**에서 흰돌고래 만나기<br>- **바냐**(러시아식 사우나)에서 여행 피로 풀기<br>- **파크롭스키 사원**에서 기도하기<br>- 오고넥(또는 흘로폭)에서 근사한 저녁식사 |
| 4DAY | 포킨제독거리 | - 카페(파이브 어클락 추천)에서 아침식사<br>- 이고르 체르니곱스키 성당 조형물에서 인증샷<br>- 개척리 자매결연공원 둘러보기<br>- 연해주과자상, 츄다데이, 이브로쉐 쇼핑 |

*Travel tip*

입국자 대부분이 직항편을 이용하는 만큼 항공 스케줄에 맞추어 일정을 잡는다면 보다 합리적인 동선으로 여행을 즐길 수 있다.

**Plus** 알아두면 편리하다, 항공 스케줄

항공 스케줄을 미리 알면 내게 맞는 여정을 계획하기가 한층 수월해진다. 반대로, 여행 계획에 맞춰 항공편을 예약해도 좋다. **항공스케줄 - 2019년 10월 4일 기준

| 인천 → 블라디보스토크 | | |
|---|---|---|
| 이스타항공 | 22:15-02:00 | 목, 일 |
| | 21:40-02:00 | 월, 화, 수, 금, 토 |
| 대한항공 | 10:10-13:50 | 매일 |
| 아에로플로트(러시아항공)〈대한항공,오로라항공 공동운항〉 | 00:40-03:40 | 화, 토 |
| | 12:25-15:25 | 월 |
| | 13:05-16:05 | 일, 화, 수, 목, 금, 토 |
| | 23:40-02:40 | 일, 화, 수, 목, 토 |
| S7항공〈아시아나항공 공동운항〉 | 22:40-01:45 | 일, 월, 화, 목, 금, 토 |
| | 15:55-19:00 | 토, 월, 수, 목 |
| 제주항공 | 11:35-15:00 | 월 |
| | 12:25-16:10 | 일, 화, 수, 목, 금, 토 |
| 티웨이항공 | 23:20-02:40 | 월, 금 |
| | 23:35-03:25 | 목, 토 |

| 블라디보스토크 → 인천 | | |
|---|---|---|
| 이스타항공 | 02:50-05:00 | 매일 |
| 대한항공 | 15:10-17:00 | 매일 |
| 아에로플로트(러시아항공)〈대한항공,오로라항공 공동운항〉 | 10:35-11:35 | 월 |
| | 11:00-12:10 | 일, 화, 수, 목, 금, 토 |
| | 21:50-22:50 | 일, 화, 수, 목, 금, 토 |
| | 22:50-23:50 | 월, 금 |
| S7항공〈아시아나항공 공동운항〉 | 13:35-14:50 | 월, 수, 목, 토 |
| | 20:30-21:40 | 일, 월, 화, 금, 토 |
| 제주항공 | 15:55-17:30 | 월 |
| | 17:10-19:10 | 일, 화, 수, 목, 금, 토 |
| 티웨이항공 | 03:40-05:05 | 화, 토 |
| | 04:25-05:30 | 일, 금 |

## 블라디보스토크 테마 여행! - 취향 따라 3박 4일 일정

무엇을 어떻게, 얼마나 보고 즐길 지는 여행자의 취향에 따라 달라지게 마련이다. 특히 블라디보스토크는 다채로운 테마로 여행하기 좋은 지역이다. 아래의 일정은 크게 역사&문화, 미식, 그리고 쇼핑의 3가지 테마로 나뉜다. 또렷한 목표가 있다면 하나의 테마 코스를 고수할 수도 있고, 좀 더 입체적인 여행을 즐기고 싶다면 날마다 달라지는 코스를 취향껏 선별해 조합해도 좋다.

### 선택1 역사와 문화를 사랑하는 탐구형 여행자라면

| 일수 | 지역 | 세부 일정 |
|---|---|---|
| 1DAY | 블라디보스토크역<br>포킨제독거리<br>해양공원 | 아르세니예프 국립연해주박물관→해양공원→요새박물관→<br>이고르체르니곱스키사원→개척리자매결연공원 |
| 2DAY | 중앙광장 | 중앙광장→혁명전사기념비→니콜라이개선문→영원한 불꽃→<br>해군잠수함박물관→태평양함대군사박물관→아케안 |
| 3DAY | 루스키섬 외곽 | 극동연방대학교(자전거투어)→프리모르스키아케안리움→<br>(바냐체험)→파크롭스키사원&공원 |
| 4DAY | 포킨제독거리 | 블라디보스토크역→시베리아횡단열차기념비→<br>여객선터미널→율 브리너생가→연해주국립미술관 |

### 선택2 러시아와 연해주의 멋과 맛을 즐기고픈 미식가라면

| 일수 | 목표 | 일정내용 |
|---|---|---|
| 1DAY | 도시 특산물인 해물 요리를 맛보려면 | 아침 파이브어클락(카페) → 점심 주마(해산물) 혹은 수프라(조지아) → 간식 피나드니(카페) → 저녁 해산물마켓(곰새우) |
| 2DAY | 연해주의 한식당이 궁금하다면 | 아침 쇼콜라드니차(카페) → 점심 가와이, 코리안, 덤블링, 미리네,해금강(아시안) → 저녁 모로코앤메드(유럽) |
| 3DAY | 러시아 정통 요리에 도전하려면 | 브런치 오고넥(해산물,조지아,러시아) → 저녁 홀로폭(중앙아시아) |
| 4DAY | 청춘들의 아지트가 궁금하다면 | 아침 니 르이다이(러시아) → 점심 리퍼블릭(러시아) → 저녁 댑버거(수제버거) |

### 선택3 금강산도 기념품부터, 쇼퍼홀릭이라면

| 일수 | 목표 | 일정내용 |
|---|---|---|
| 1DAY | 거리의 아기자기한 상점들 둘러보기 | 포킨제독거리(편집샵,악세사리,기념품), 연해주과자점(식품), 츄다데이(화장품) |
| 2DAY | 백화점과 쇼핑몰 완전 정복하기 | 굼백화점, 미니굼, 클로버하우스(백화점, 마트) |
| 3DAY | 마트에서 요긴한 생필품 마련하기 | 삼베리(마트), 브라제르(마트), 프레시25(슈퍼마켓) |
| 4DAY | 돌아가기 전, 마지막 기념품 쇼핑 즐기기 | 오비타, 악수, 레지오날(약국), 슈퍼마켓(식품) |

*Travel tip*

블라디보스토크 공항에서 도심으로 이동하는 교통수단인 아에로익스프레스(공항철도)의 배차 간격을 유의해 코스를 계획해야 한다. 항공기 도착 시각과 맞지 않으면 한 시간 이상 기다림을 각오해야 하므로, 이를 고려해 넉넉하게 일정을 짜는 것이 좋다.

# 지역 여행 정보

블라디보스토크 한 눈에 보기
블라디보스토크의 볼거리
블라디보스토크의 먹거리
블라디보스토크의 쇼핑
블라디보스토크의 숙소

# LOCATION
# 블라디보스토크 한 눈에 보기

블라디보스토크 여행의 가장 큰 매력은 도보여행이 가능하다는 것. 중앙광장이 있는 스베틀란스카야 거리를 중심으로 대부분의 관광지가 동서로 펼쳐져 있다. 크게 포킨 제독(아르바트) 거리, 블라디보스토크역, 중앙광장을 분기점으로 삼고 시간 배분을 한다면 여유롭고 편리하게 도시를 둘러볼 수 있다.

## 블라디보스토크역

블라디보스토크역은 시베리아 횡단 열차의 종착역으로 갖는 상징적 의미와 러시아 건축의 개성과 예술성을 경험하기에 충분한 장소다. 기차역 곳곳에 상징적인 장소들이 많고, 역 뒤편에 있는 여객선 터미널 쪽으로 걸어가면 금각교와 항구 전경이 눈앞에 펼쳐진다. 다시 발길을 돌려 역 앞으로 나와 도심을 향해 걷다 보면 길 양쪽으로 국립 미술관과 박물관이 마주하고 있다. 도시의 역사뿐 아니라 러시아의 역사를 경험해 볼 수 있는 장소들이 바로 이곳에 모여 있다.

VISIT 블라디보스토크역, 아르세니예프 국립연해주 박물관, 율 브리너생가, 아케안, 국립연해주미술관

## 포킨 제독 거리 주변

아르바트 거리로 한국 여행자들에게 잘 알려진 포킨 제독 거리는 쇼핑과 미식 여행을 즐기기 좋은 장소다. 거리 주변에 자리 잡고 있는 크고 작은 카페에서 러시아 커피와 디저트를 맛보자. 아기자기한 소품 가게에서 현지인들이 만든 소품들을 구경하고 구입하는 재미도 쏠쏠하다. 해안 쪽으로 나가면 파도 소리 없는 호수 같은 바다를 만나게 된다. 요새박물관과 이고르 체르니곱스키 사원은 이곳이 러시아라는 사실을 새삼 깨닫게 해주는 장소다.

VISIT 포킨 제독(아르바트) 거리, 해양공원, 요새박물관, 아케안리움, 이고르 체르니곱스키 사원, 개척리 자매결연공원

## 중앙광장 주변

중앙광장은 그 이름답게 도시의 심장부에 위치하고 있다. 중앙광장 앞으로 난 도로인 스베틀란스카야 거리는 도시의 동서를 연결하면서 여행자들에게 도시의 매력 속으로 더 깊이 빠져들게 해준다. 잠수함 박물관과 니콜라이 개선문에서 도시의 얼굴을 보았다면, 푸니쿨라를 타고 독수리전망대에 올라 도시 전체의 모습을 감상하자. 날씨와 시간마다 새로운 모습으로 변신하는 금각교를 품은 금각만의 모습에 반할 수밖에 없을 것이다.

VISIT 중앙광장, 엘리노어 프레이 동상, 니콜라이 개선문, 해군잠수함박물관, 도시박물관, 푸니쿨라, 독수리전망대, 태평양함대 군사박물관, 금각교

## 외곽지역

3일 이상 여행하는 여행자들에게 추천하는 지역으로 도시 중심부와 멀리 떨어져 있어 오가는 시간이 많이 소요되지만 여유롭게 대화하거나 사색하면서 돌아볼 만하다. 극동연방대학교 캠퍼스는 조성된 지 10년이 채 되지 않아 캠퍼스 전체적으로 둘러볼 만한 특별한 공간은 없다. 특히 외부인들의 건물 내부 입장이 거의 불가능하기 때문에 이러한 점들을 고려해서 여행 계획을 세워야 후회가 없다.

VISIT 파크롭스키 공원&사원, 극동연방대학교(루스키섬), 프리모르스키 오셔너리움

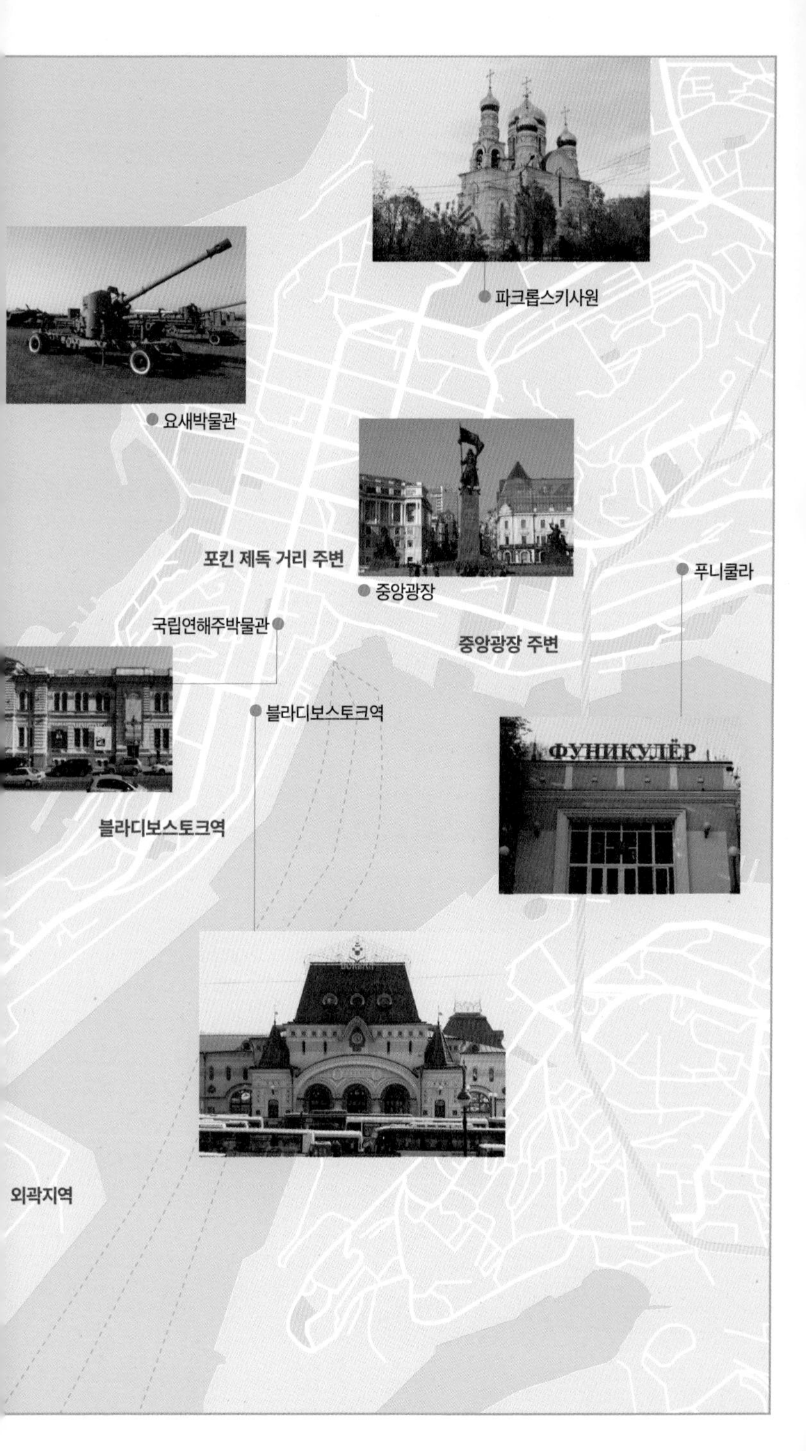
파크롭스키사원
요새박물관
포킨 제독 거리 주변
중앙광장
푸니쿨라
국립연해주박물관
중앙광장 주변
블라디보스토크역
ФУНИКУЛЁР
블라디보스토크역
외곽지역

블라디보스토크 전도
N
0
6km
블라디보스토크 국제공항
Vladivostok International Airport
아무르스키만
블라디보스토크
Vladivostok
SOVETSKIY
RAYON
PERVORECHENSKIY
RAYON
블라디보스토크 도심
우수리스크만
LENINSKIY
RAYON
금각교
PERVOMAYSKY
RANON
카페테리아
cafeteria
가로수길
프리모르스키 오셔너리움
Primorskiy Oceanarium
루스키섬
극동연방대학교
Far Eastern Federal University

● 볼거리

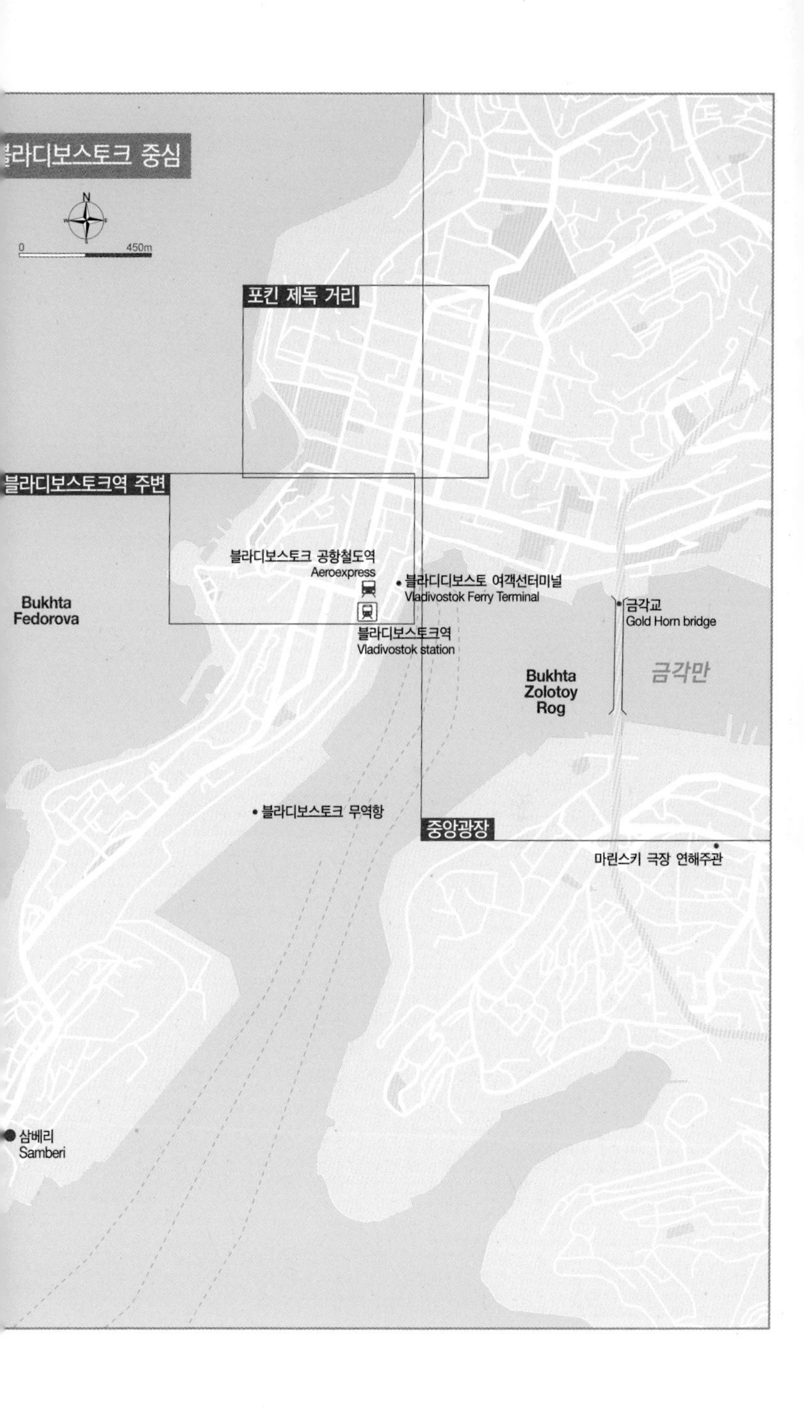
블라디보스토크 중심
N
0
450m
포킨 제독 거리
블라디보스토크역 주변
블라디보스토크 공항철도역
Aeroexpress
블라디디보스토 여객선터미널
Vladivostok Ferry Terminal
Bukhta
Fedorova
금각교
Gold Horn bridge
블라디보스토크역
Vladivostok station
Bukhta
Zolotoy
Rog
금각만
블라디보스토크 무역항
중앙광장
마린스키 극장 연해주관
삼베리
Samberi

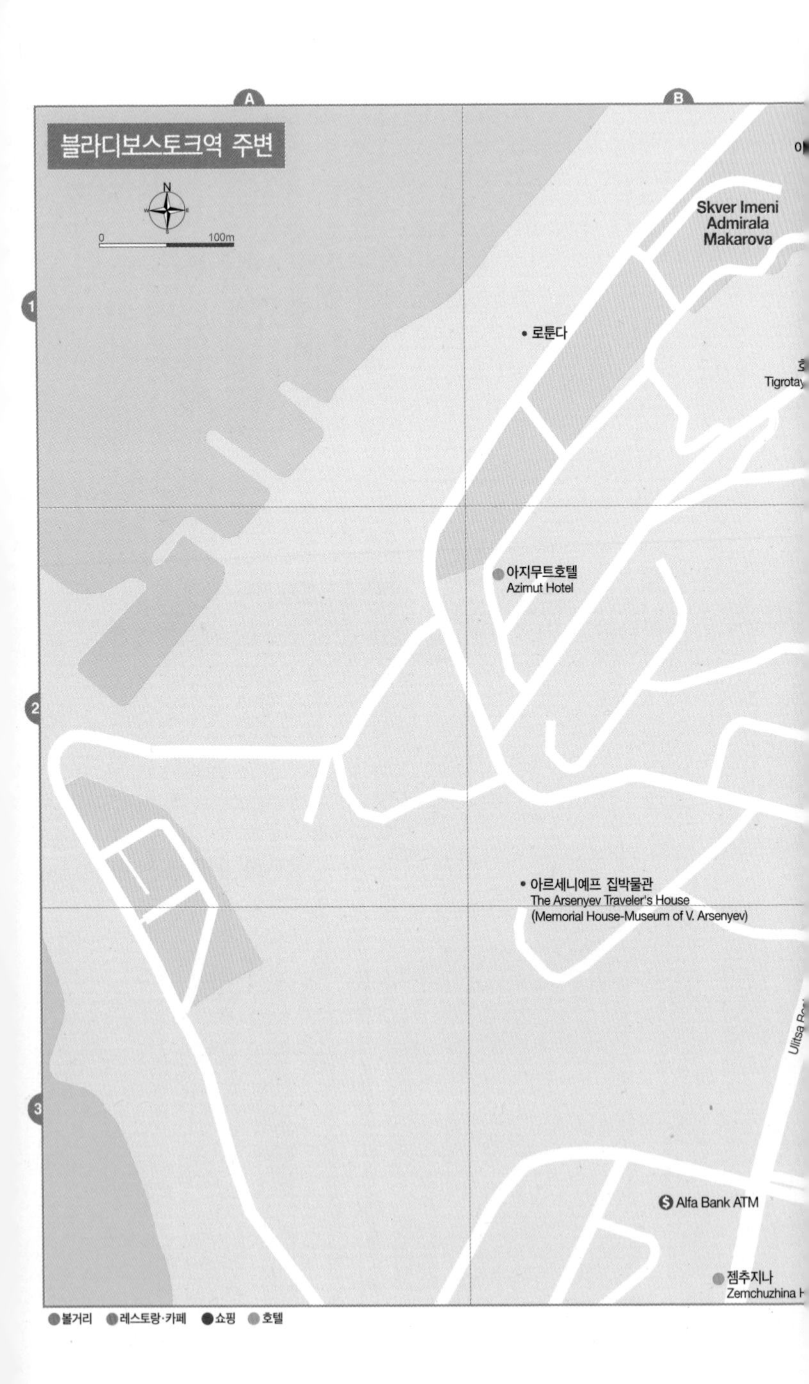
A
B
1
2
3
블라디보스토크역 주변
N
0
100m
Skver Imeni Admirala Makarova
로툰다
Tigrota
아지무트호텔
Azimut Hotel
아르세니예프 집박물관
The Arsenyev Traveler's House
(Memorial House-Museum of V. Arsenyev)
Alfa Bank ATM
젬추지나
볼거리
레스토랑·카페
쇼핑
호텔

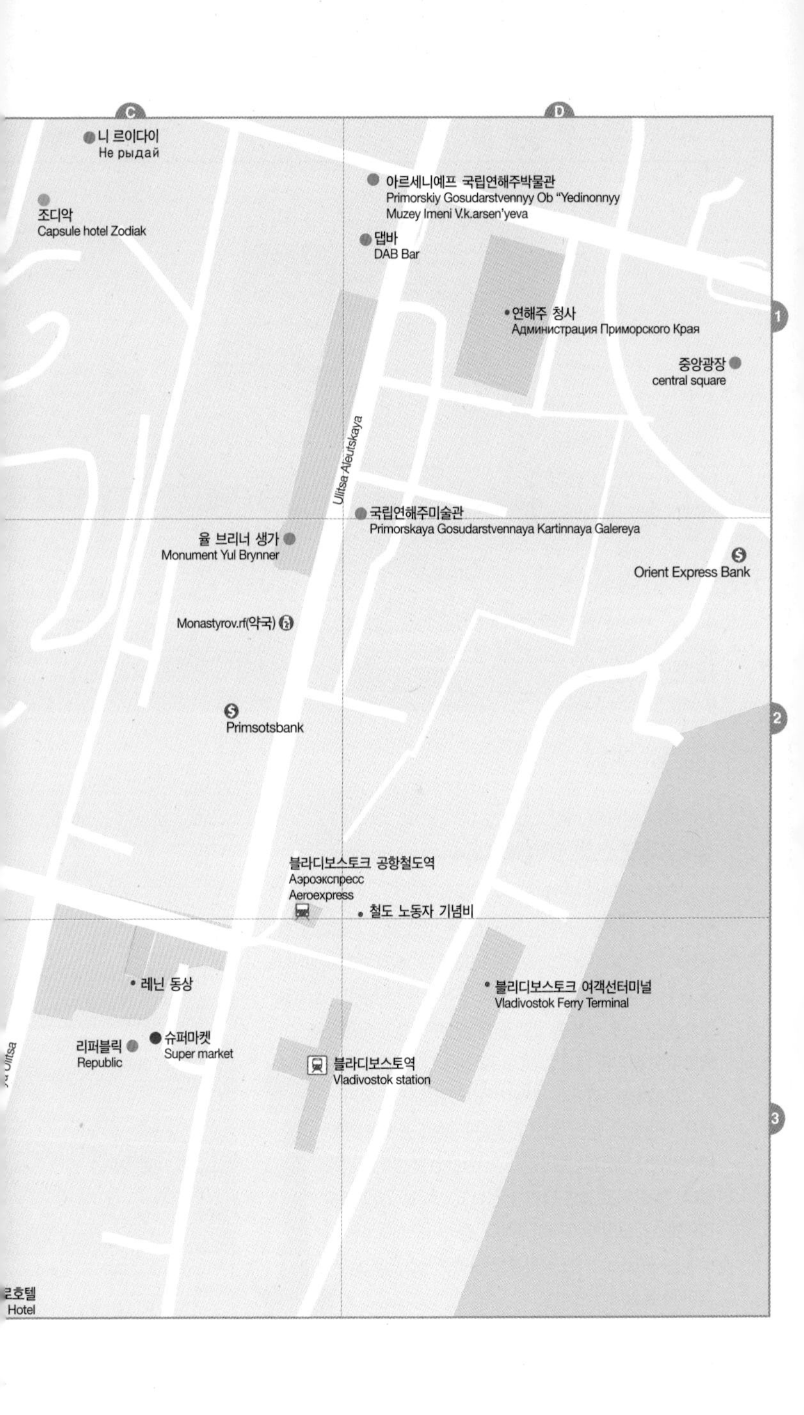
C
D
니 르이다이
Не рыдай
조디악
Capsule hotel Zodiak
아르세니예프 국립연해주박물관
Primorskiy Gosudarstvennyy Ob "Yedinonnyy
Muzey Imeni V.k.arsen'yeva
댑바
DAB Bar
연해주 청사
Администрация Приморского Края
중앙광장
central square
1
Ulitsa Aleutskaya
국립연해주미술관
Primorskaya Gosudarstvennaya Kartinnaya Galereya
율 브리너 생가
Monument Yul Brynner
Orient Express Bank
Monastyrov.rf(약국)
Primsotsbank
2
블라디보스토크 공항철도역
Аэроэкспресс
Aeroexpress
철도 노동자 기념비
레닌 동상
블리디보스토크 여객선터미널
Vladivostok Ferry Terminal
리퍼블릭
Republic
슈퍼마켓
Super market
블라디보스토역
Vladivostok station
3
Hotel

# ATTRACTION
## 블라디보스토크의 볼거리

블라디보스토크역

시베리아 횡단의 시작
### 블라디보스토크역 Владивосток Вокзал
Vladivostok station

893년에 세워진 블라디보스토크역은 9288km 시베리아 횡단열차의 시종착역이다. 모스크바에 있는 야로슬라브스키역과 같은 17세기 러시아 건축양식의 진수를 보여준다. 소지품 검사를 받은 후 역사 안으로 들어가면 화려하고 아름다운 벽화들로 장식된 내부를 볼 수 있으며, 1층 대합실에는 대형 마트료시카가 세워져 있어 '인증샷'을 남기려는 사람들로 늘 북적인다. 밖으로 나와 플랫폼으로 내려가면 시베리아 횡단열차 기념비와 열차가 세워져 있다. 철로 위로 놓인 다리를 건너면 만나는 건물이 블라디보스토크항 여객터미널이다. 블라디보스토크역 왼쪽에는 공항으로 가는 공항철도(아에로익스프레스) 역이 따로 있다.

**지도** P.39-C3 **주소** Алеутская улица, 2 Ulitsa Aleutskaya, 2 **전화** +7 (800) 775-00-00 **홈페이지** www.vladivostok.dzvr.ru

1 17세기 러시아 건축양식의 진수를 보여주는 역사
2 제2차 세계대전 당시 동맹을 맺은 미국에서 소련에 보내준 열차
3 역전 마켓에서 여행 전 먹거리를 준비할 수 있다
4 시베리아 횡단열차 9288km 기념비

연해주의 역사가 한 자리에

## 아르세니예프 국립연해주박물관 Приморский государственный объединённый музей имени В.К.Арсеньева Primorskiy Gosudarstvennyy Ob"Yedinonnyy Muzey Imeni V.k.arsen'yeva

1890년 문을 연 블라디보스토크 국립박물관이 행정구역 개편으로 인해 1939년 연해주 지역 박물관으로 변경되었고, 1985년 러시아의 지리학자이자 탐험가였던 블라디미르 아르세니예프를 기념하기 위해 '아르세니예프 박물관'으로 명칭이 변경되었다. 총 8개 방에 전시되어 있는 각종 유물들과 사료들을 통해 연해주 지역에 대한 민속학적, 고고학적 이해와 연구가 계속되고 있다. 러시아는 스스로를 문화와 예술 강국으로 자부하지만 극장, 박물관, 미술관등을 둘러보면 시설이 열악한 경우가 많다. 냉난방이 제대로 되지 않거나 전시 상태가 좋지 않은 경우도 많다. 하지만, 작품의 역사적·예술적 수준이 낮은 것은 결코 아니다. 러시아만의 예술 세계로 과감하게 들어가 보자.

지도 P.39-D1 **주소** Светланская улица, 20 Svetlanskaya St, 20 **전화** +7 (423) 241-11-73 **홈페이지** www.arseniev.org **운영** 매일 10:00~19:00 **요금** 성인 400rub, 학생 200rub **가는 방법** 블라디보스토크역에 중앙광장 쪽으로 600m(도보 8분) 정도 걷다 보면 중앙광장과 포킨 제독 거리, 해양공원으로 나뉘는 사거리가 나오는데 바로 좌측에 있는 건물이다.

**+Plus** 동상의 나라, 러시아

러시아는 '동상의 나라'라는 표현이 아깝지 않을 만큼 도로 한복판, 공원, 광장 등 도시 구석구석에 수많은 정치인, 군인, 과학자, 예술가 등의 동상이 세워져 있다. 고층 건물을 압도하는 규모로 도시의 랜드마크가 된 동상도 있고, 업적을 함께 새겨 넣어 역사교육의 장으로 만든 곳도 있다. 블라디보스토크역을 마주하는 곳에 세워진 동상은 소련최초의 국가원수이자 10월 혁명의 중심 인물로 러시아식 마르크스주의를 발전시킨 블라디미르 레닌(В.И.Ленину Vladimir Lenin, 1870~1924)의 동상이다.

러시아 역사의 파노라마

## 국립연해주미술관 Приморская государственная картинная Галерея

**Primorskaya Gosudarstvennaya Kartinnaya Galereya**

모스크바의 트레치아코프 미술관과 푸시킨 미술관, 상트페테르부르크의 에르미타주 박물관과 루스키 박물관 등 러시아 전역에 있는 미술관의 미술품들을 기증받아 1966년 6월 개관했다. 블라디보스토크에는 총 3개의 국립연해주미술관이 있는데 규모가 가장 크고 접근성이 좋아 주요 전시회 대부분이 이곳에서 열리고 있다. 주목해야 할 것은 러시아 이콘화와 러시아 미술계의 거장 일리야 레핀의 「Portrait of M.N. Galkin-Vraskoy(1903)」, 샤갈의 「Portrait of Brother David with Mandolin(1914)」을 비롯해 이반 아이좁스키의 흑해 그림 등 다양한 소장품을 만나볼 수 있다.

지도 P.39-D1 **주소** Алеутская улица, 12 Ulitsa Aleutskaya, 12 **전화** +7 (423) 241-06-10 **홈페이지** www.primgallery.com **운영** 일~화 11:00~19:00 **휴무** 매주 월요일 **요금** 성인 250rub, 학생 150rub (통합티켓 성인 400rub, 학생 250rub) **가는 방법** 블라디보스토크역에서 중앙광장 쪽으로 350m(도보 5분) 정도 걷다 보면 우측으로 글씨로 Exhibition이라고 적혀 있는 문을 볼 수 있다. 이곳이 국립연해주미술관이다.

러시아가 낳은 세계적인 배우

## 율 브리너 생가 Памятник Юлу Бриннеру Monument Yul Brynner

영화 「왕과 나(1956)」로 아카데미 최고배우상을 수상한 미국의 유명 배우 율 브리너(Yul Bryner, 1920~1985)가 바로 블라디보스토크 출신이다. 율 브리너 생가는 1920년 그가 태어나서 7년 동안 살다가 중국으로 이사하기 전까지 살던 곳이다. 그의 할아버지가 1910년 독일 함부르크에서 공수해온 대리석으로 지은 3층 저택으로 지금은 선박회사에서 사무실로 사용하고 있어 출입은 할 수 없지만, 연기와 예술을 사랑했던 그의 숨결이 느껴지는 동상은 가까이서 마주할 수 있다.

**지도 P.39-C2** **주소** Алеутская улица, 15 Ulitsa Aleutskaya, 15 **가는 방법** 블라디보스토크역에서 중앙광장쪽으로 300m(도보 4분) 정도 걷다 보면 좌측으로 계단을 볼 수 있다. 계단을 올라가서 좌측을 보면 동상이 있고 동상 뒤편이 율 브리너 생가다.

**Plus** 율 브리너의 기막힌 생애

흥미로운 사실 하나. 율 브리너는 어린 시절 한때를 조선 땅에서 머물렀다. 대한제국으로부터 목재 채벌권을 얻어 사업을 했던 브리너 가족은 당시 막대한 부를 누리게 되었지만, 러시아 혁명으로 몰락한 것으로 알려진다. 이후 브리너는 만주와 조선, 일본을 오가다 1940년 미국에 정착하게 된다. 미 육군에 입대했던 그는 군복무 이후 데뷔하여 연극과 영화 「왕과 나」에서 태국의 몽꿋 왕으로 열연하며 평생을 배우의 삶을 살게 된다. 애연가였던 그는 결국 폐암으로 사망하게 되는데 사망 직전 공익광고에 출연하여 이런 말을 남겼다. "나는 이제 떠나지만 여러분께 이 말만은 해야겠습니다. 담배를 피우지 마십시오. 당신이 무슨 일을 하든, 담배만은 피우지 마세요"

아시아·태평양 국제영화제가 열리는

## 아케안 Океан Okean

해양공원이 내려다보이는 언덕에 있는 아케안 영화관에서는 매년 9월 블라디보스토크 아시아·태평양국제영화제를 개최한다. 우리 영화 「집으로(2003, 최우수작품상)」와 「봄여름가을 겨울 그리고 봄(2005, 최우수작품상)」, 「똥파리(2009, 대상/여우주연상)」가 수상작으로 선정된 바 있고, 영화제 기간 동안 상영되는 한국 영화는 최고의 인기를 얻고 있다. 영화제 기간에 방문한다면 아시아 유명 영화 배우들을 비롯해 러시아 배우들까지 만나볼 수 있다. 평소에도 IMAX관을 비롯해 최신 영화관에서 저렴한 가격(280rub부터, 좌석 위치에 따라 가격 차등)에 영화 관람을 할 수 있다. 영화관 1층에는 싱가포르 딤섬 전문점인 덤플링 리퍼블릭이 입점해 있어 저렴한 가격에 딤섬을 맛볼 수 있다.

**지도 P.38-B1** **주소** Набережная улица, 3 Naberezhnaya Ulitsa, 3 **전화** +7 (423) 240-64-06 **홈페이지** www.illuzion.ru **운영** 영화별 상영시간 홈페이지 참고 **요금** 280rub~ **가는 방법** 포킨 제독(아르바트) 거리에서 바다가 보이는 해양공원 쪽으로 걷다가 수프라 레스토랑이 보이면 좌회전한다. 해양공원을 끼고 오르막길을 걷다 보면 언덕 위에 영화관이 보인다. 포킨 제독 거리에서 도보로 6분(450m) 정도 소요된다.

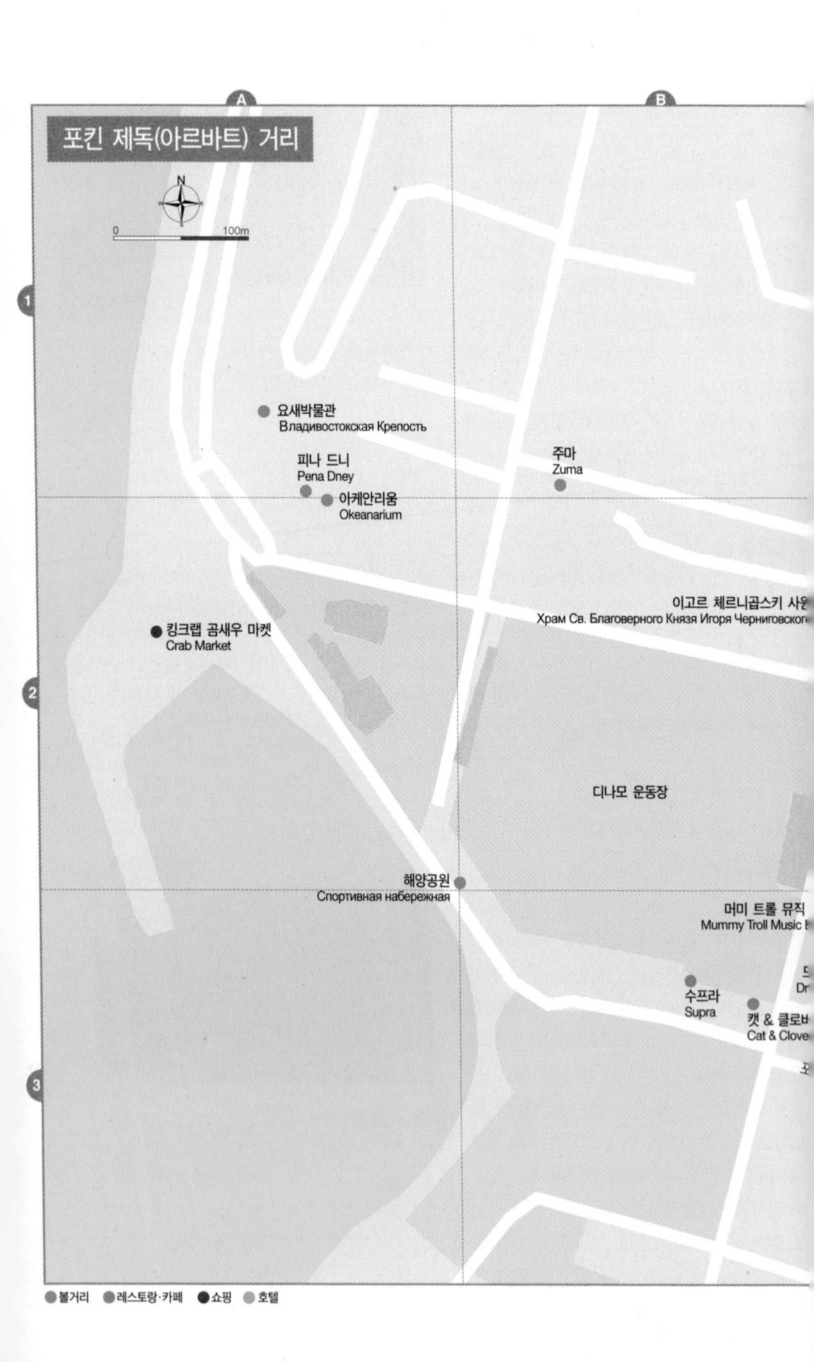

포킨 제독(아르바트) 거리
N
0
100m
A
B
1
2
3
요새박물관
Владивостокская Крепость
피나 드니
Pena Dney
아케안리움
Okeanarium
주마
Zuma
이고르 체르니곱스키 사원
Храм Св. Благоверного Князя Игоря Черниговского
킹크랩 곰새우 마켓
Crab Market
디나모 운동장
해양공원
Спортивная набережная
머미 트롤 뮤직
Mummy Troll Music
수프라
Supra
캣 & 클로버
Cat & Clove
볼거리
레스토랑·카페
쇼핑
호텔

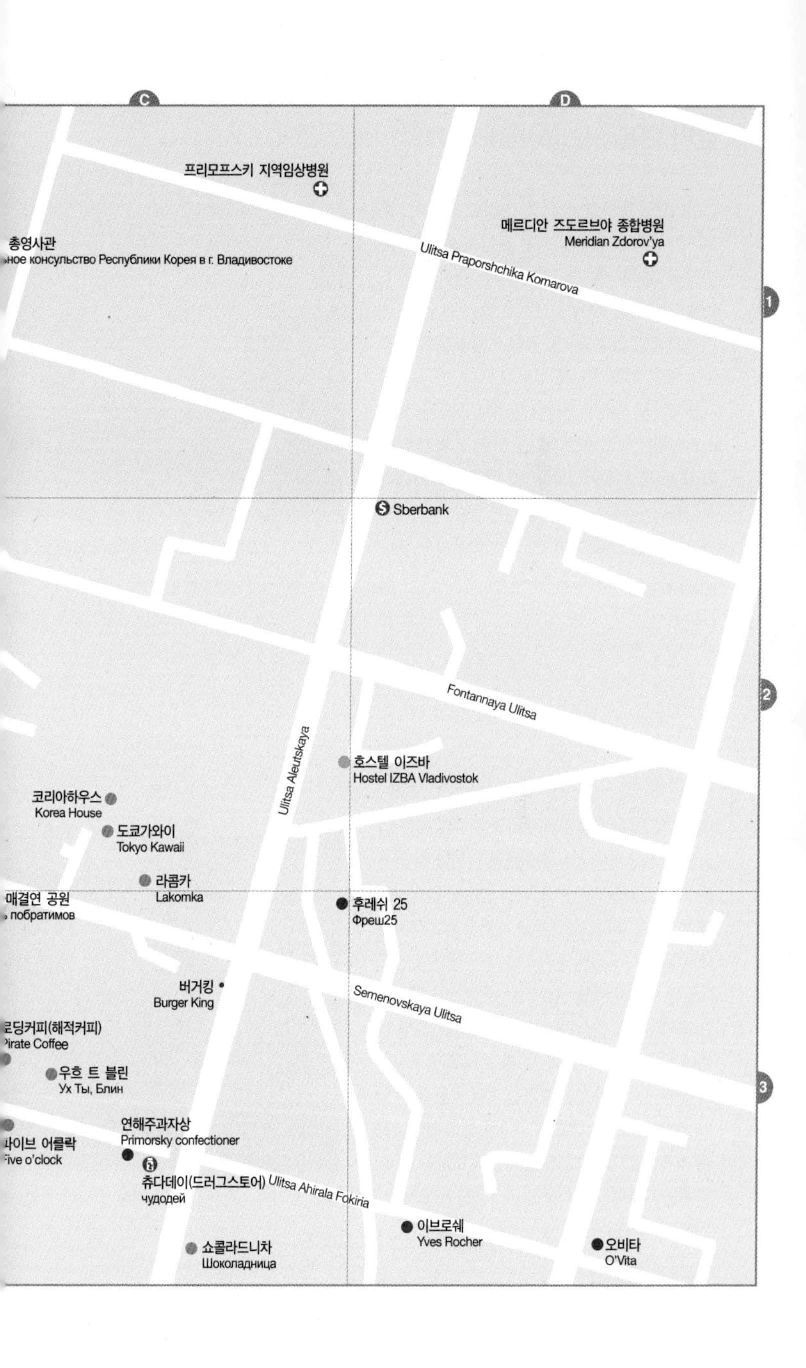
C
D
1
2
3
프리모프스키 지역임상병원
메르디안 즈도르브야 종합병원
Meridian Zdorov'ya
총영사관
ное консульство Республики Корея в г. Владивостоке
Ulitsa Praporshchika Komarova
Sberbank
Fontannaya Ulitsa
Ulitsa Aleutskaya
호스텔 이즈바
Hostel IZBA Vladivostok
코리아하우스
Korea House
도쿄가와이
Tokyo Kawaii
라콤카
Lakomka
매결연 공원
побратимов
후레쉬 25
Фреш25
버거킹
Burger King
Semenovskaya Ulitsa
딩커피(해적커피)
irate Coffee
우흐 트 블린
Ух Ты, Блин
연해주과자상
Primorsky confectioner
이브 어클락
ive o'clock
츄다데이(드러그스토어)
чудодей
Ulitsa Ahirala Fokiria
이브로쉐
Yves Rocher
오비타
O'Vita
쇼콜라드니차
Шоколадница

포킨 제독 거리 주변

블라디보스토크 여행의 베이스캠프
## 포킨 제독 거리(아르바트 거리) улица Адмирала Фокина Ulitsa Admirala Fokina

블라디보스토크의 여행자 거리로 불리는 아르바트 거리의 정식 명칭은 포킨 제독 거리다. 1860년 연해주를 러시아에 넘긴 중국과의 조약을 기념하여 베이징 거리로 불렸으나, 1964년에 태평양 함대를 이끌었던 포킨 제독을 기념하여 포킨 제독 거리로 부르고 있다. 한국 여행자들에게 아르바트 거리로 알려져 있지만, 정작 현지인들은 아르바트 거리를 모른다. 차가 다니지 않는 보행자 거리로, 거리 양쪽으로 카페와 식당들이 들어서 있고 중앙에는 분수대와 벤치가 설치되어 있어 주말이면 거리 곳곳에서 노래하는 밴드들과 공연을 즐기는 젊은이들이 몰려든다.

지도 P.44-C3 **주소** улица Адмирала Фокина Ulitsa Admirala Fokina **가는 방법** 블라디보스토크역에서 중앙 광장 방향으로 걷다 보면 연해주 국립 박물관을 만난다. 이곳에서 계속 직진하면 또 다른 사거리를 만나게 되는데 좌측으로 시선을 돌리면 바로 이곳이 포킨 제독 거리다. 역에서 도보로 15분(1.1km) 정도 소요된다.

붉은 노을이 아름다운
## 해양공원 Спортивная набережная Ocean Park

봄과 여름에는 시원한 바닷바람을, 겨울에는 얼어붙은 바다 위를 걷는 즐거움을 만끽할 수 있는 곳. 아무르만의 시원한 풍경이 한눈에 펼쳐지는 해양공원은 블라디보스토크 시민들과 여행자들에게 활력소가 되는 공간이다. 해양공원의 랜드마크인 대관람차에 오르거나 주말이면 작동하는 음악분수를 감상하는 것도 좋겠지만, 그저 벤치에 앉아 여유롭게 바닷가를 조망하거나 산책로를 걷는 것만으로도 충만한 기분을 느낄 수 있다. 한겨울에는 얼어붙은 바다를 깨고 바다낚시를 즐기는 강태공들의 모습도 맞닥뜨릴 수 있다. 공원 끝자락에는 곰새우와 킹크랩을 맛볼 수 있는 가게도 늘어서 있는데, 냉동제품을 조리해 파는 것 치곤 가격이 저렴한 편은 아니니 참고할 것.

지도 P.44-A2 **주소** Батарейная ул Batareynaya Ulitsa **가는 방법** 포킨 제독(아르바트) 거리에서 바다 쪽으로 시선을 돌리면 대관람차가 눈에 들어온다. 바다 쪽으로 직진하면 수프라 레스토랑이 나오고 계단을 따라 내려가면 해양공원이 한눈에 들어온다. 포킨 제독 거리에서 도보로 7분(650m) 정도 소요된다.

극동을 사수하라

## 요새박물관 Музей Владивостокская Крепость

태평양과 극동지역을 사수하기 위해 만든 블라디보스토크 요새는 지금으로부터 약 140년 전인 1880년에 최초로 세워졌으며, 1897년 콘크리트 보강공사 이후 지속적인 개축을 하면서 현재의 모습에 이르게 되었다. 일반적인 요새와 달리 언덕 위에 건축하여 적군 방어는 물론 공격이 가능하도록 콘크리트 벙커와 지하통로를 설치하는 등 러시아 건축 공학의 기적으로 인식될 만큼 튼튼하고 과학적으로 건축된 것으로 알려져 있다. 1904년 러일전쟁 패전 후 요새 강화와 보강에 나섰고 제1차 세계대전과 러시아 혁명을 거치게 된다. 1923년 일본과의 비무장 협정으로 요새가 폐쇄되었고 러시아 해군 창설 300주년을 기념해 1996년 요새 박물관으로 개관했다. 7개의 내부 전시실과 외부에는 수많은 무기와 자료들이 전시되어 있다. 요새 박물관에서 내려다보는 아무르만의 풍광 또한 아름답기 때문에 군사 지식에 흥미가 없는 이들이라도 한 번 올라가 볼 만하다.

지도 P.44-A1 **주소** Батарейная ул., 4 A Batareynaya Ulitsa, 4 A **전화** +7 (423) 240-08-96 **홈페이지** www.vladfort.ru **운영** 매일 10:00~18:00 (겨울 10:00~15:00) **요금** 성인 200rub, 5~12세 100rub **가는 방법** 포킨 제독(아르바트) 거리에서 바다가 보이는 해양공원 쪽으로 계속 직진한다. 킹크랩과 곰새우를 판매하는 곳을 지나 우측으로 돌아서면 요새 박물관과 아케안리움이 한눈에 들어온다. 계단을 오르면 좌측에 매표소가 있다. 포킨 제독 거리에서 도보로 9분(750m) 정도 소요된다.

살아 있는 철갑상어를 만날 수 있는

## 아케안리움 Океанариум Okeanarium

1991년 개관한 이후 2011년 APEC 개최를 앞두고 리뉴얼 오픈했다. 태평양과 극동 지역에 서식 중인 바다 생물들과 아마존과 아프리카에 서식하는 생물들이 1층 전시장을 채우고 있다. 그중 가장 인상적인 생물은 단연 철갑상어다. 철갑상어는 종에 따라 최대 8m까지 자라고 100년 이상 생존하는 것으로 알려져 있는데, 철갑상어의 알인 캐비아가 부의 상징이 되는 바람에 과도한 포획이 이뤄졌고 심각한 멸종 위기에 이르게 되자 자연산 포획이 금지되어 있다. 철갑상어 외에 다른 전시 내용은 비교적 평범하고, 규모 또한 아담한 편이니, 극동 수역의 해양 생태에 특별히 관심이 있거나 추위나 더위를 피하고 싶은 경우에 잠시 들러 보는 것이 좋겠다.

지도 P.44-A1 **주소** Батарейная улица, 4 Batareynaya Ulitsa, 4 **전화** +7 (423) 240-48-77 **홈페이지** www.akvamir.org **운영** 월 11:00~19:00, 화~일 10:00~19:00 **요금** 성인 250rub, 5~14세 150rub **가는 방법** 해양공원 쪽으로 계속 직진한다. 킹크랩과 곰새우를 판매하는 곳을 지나 우측으로 돌아서면 요새 박물관과 아케안리움이 한눈에 들어온다. 포킨 제독 거리에서 도보로 9분(750m)정도 소요된다.

호국영령들을 위해 세워진

## 이고르 체르니곱스키 사원 Храм Св. Благоверного Князя Игоря Черниговского

러시아 도시 곳곳에 세워진 러시아 정교회 사원은 하나의 예술작품으로 여겨질 만큼 아름답고 정교한 러시아만의 건축양식을 뽐내고 있다. 하지만 블라디보스토크에서는 정교회 사원 찾기가 쉽지 않다. 그나마 접근성이 좋은 곳은 바로 해양공원이 있는 디나모 경기장 뒤편에 위치한 이고르 체르니곱스키 사원이다. 공무 중 사망한 군인들을 위해 2007년 세워진 이곳은 성모 마리아가 군인을 안고 있는 모습을 형상화한 조형물로 유명하다. 블라디보스토크 여행에서 가장 상징적인 풍경을 꼽는다면 바로 러시아 정교회 사원 앞이다.

지도 P.44-B2 **주소** Фрунзенский район, Фонтанная ул., 12 Фрунзенский район, Fontannaya Ulitsa, 12 **전화** +7 (423) 269-08-75 **홈페이지** www.sv-voin.ru **운영** 매일 10:00~19:00 **가는 방법** 해양공원 쪽으로 걷다가 수프라 레스토랑이 보이면 자매결연 공원 방향으로 우회전한다. 자매결연 공원을 지나서 계속 직진하면 좌측에 사원이 눈에 들어온다. 포킨 제독 거리에서 도보로 6분(500m) 정도 소요된다.

한인들의 애환과 설움이 깃든

## 개척리 자매결연 공원 Сквер городов-побратимов

포킨 제독(아르바트) 거리에서 디나모 경기장 쪽으로 내려가는 길 주변은 1860년대 한인들이 처음 블라디보스토크로 이주하여 형성한 마을인 개척리가 있었던 곳이다. 중간 지점에 있는 작은 공원 초입에는 한·러 민족 우호 150주년 기념비가 세워져 있고 뒤편에는 블라디보스토크와 자매결연을 맺은 도시들의 조형물이 아치 형태로 늘어서 있다(그중에는 1992년 결연을 맺은 부산광역시도 포함된다). 공원 한쪽 벽을 채우고 있는 다양한 그림의 벽화(그래피티)가 공원의 나무들과 어우러져 이국적인 분위기를 자아낸다.

지도 P.45-C3 **주소** Семёновская улица, 1-3 Semenovskaya Ulitsa, 1-3 **가는 방법** 포킨 제독(아르바트) 거리에서 바다가 보이는 해양공원 쪽으로 걷다가 수프라 레스토랑이 보이면 우회전한다. 내리막길을 내려가다 보면 우측으로 공원이 보인다. 포킨 제독 거리에서 도보로 4분(240m) 정도 소요된다.

+Plus 잃어버리고 잊혀진 땅, 연해주

ⓒ우정사업본부

ⓒ동북아평화연대

블라디보스토크가 있는 연해주 지역은 과거 고구려와 발해에 속했던 우리 조상들의 땅이다. 668년 나당 연합군에 의해 고구려가 멸망한 뒤 당나라에 강제 이주된 고구려 유민들은 거란족, 말갈족과 함께 불편한 동거를 하게 되었다. 696년 거란족들의 반란사건이 일어나자 혼란기를 틈타 대조영의 아버지인 걸걸중상乞乞仲象과 말갈족의 걸사비우乞四比羽가 각각의 유민들을 이끌고 탈출을 시도한다. 계속되는 당나라와의 전투에서 걸걸중상과 걸사비우가 숨을 거두고 대조영이 고구려와 말갈인들의 수장이 되면서 수적인 열세에도 불구하고 그만의 전략과 용병술로 연승을 거두고, 698년 동모산에서 발해를 건국한다. 이후 230년간 15대에 걸쳐 왕위가 이어졌고 우리 역사상 가장 넓은 영토를 확보하게 되었다. 하지만, 거란족을 통일한 요나라 초대 황제인 야율아보기耶律阿保機에 의해 926년 1월 15일 멸망한다. 그렇게 연해주는 발해의 멸망과 함께 우리의 역사의 뒤안길로 사라져갔다.

그러다 1860년대 무렵 기근으로 연해주 이주가 시작되었고 일제강점기에 접어들면서 항일 독립운동기지의 역할을 하게 되었다. 한인들이 처음 정착했던 현 해양공원 부근에서 한인들을 중심으로 시장이 형성되고 한인학교와 신문사 등이 들어섰다. 바다가 얼어붙을 정도로 추운 겨울이 일 년의 반 이상 지속 되는 땅에서 겨우 뿌리를 내리려던 한인들을 1911년 러시아 정부는 명분 없이 쫓아내기 시작했고 결국 애써 가꿔놓은 터전에서 쫓겨나 현 롯데호텔 부근에 새로운 신한촌을 형성하게 된다. 이후 1936년 강제 이주까지 한인들의 서글픈 타향살이는 계속되었다. 그 희미한 흔적들이 도시 곳곳에 남겨 있다.

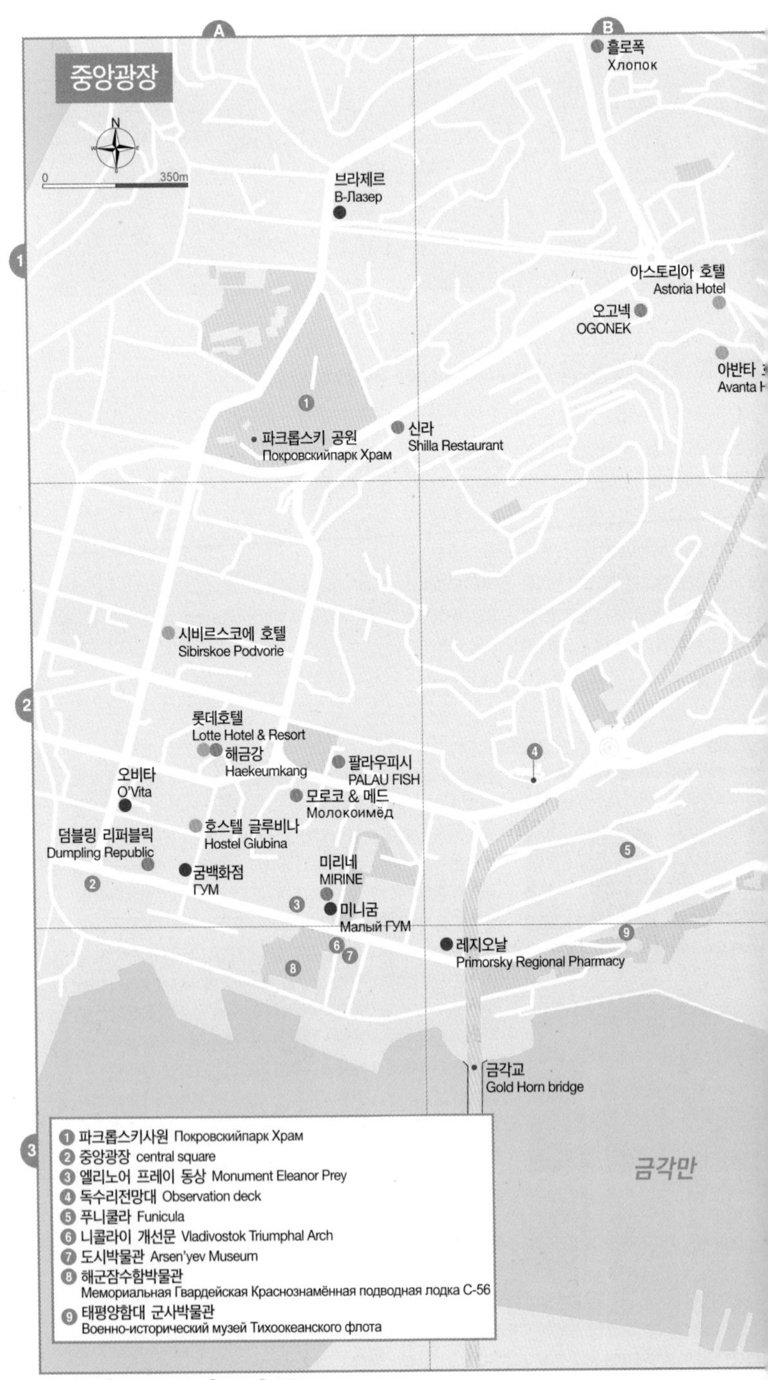
중앙광장
N
0
350m
A
B
1
2
3
흘로폭
Хлопок
브라제르
В-Лазер
아스토리아 호텔
Astoria Hotel
오고넥
OGONEK
아반타
Avanta
파크롭스키 공원
Покровскийпарк Храм
신라
Shilla Restaurant
시비르스코에 호텔
Sibirskoe Podvorie
롯데호텔
Lotte Hotel & Resort
해금강
Haekeumkang
팔라우피시
PALAU FISH
오비타
O'Vita
모로코 & 메드
Молокоимёд
호스텔 글루비나
Hostel Glubina
덤블링 리퍼블릭
Dumpling Republic
굼백화점
ГУМ
미리네
MIRINE
미니굼
Малый ГУМ
레지오날
Primorsky Regional Pharmacy
금각교
Gold Horn bridge
금각만
1 파크롭스키사원 Покровскийпарк Храм
2 중앙광장 central square
3 엘리노어 프레이 동상 Monument Eleanor Prey
4 독수리전망대 Observation deck
5 푸니쿨라 Funicula
6 니콜라이 개선문 Vladivostok Triumphal Arch
7 도시박물관 Arsen'yev Museum
8 해군잠수함박물관 Мемориальная Гвардейская Краснознамённая подводная лодка С-56
9 태평양함대 군사박물관 Военно-исторический музей Тихоокеанского флота
볼거리
레스토랑·카페
쇼핑
호텔

중앙광장 주변

블라디보스토크 여행의 나침반

## 중앙광장 Центральная площадь Central Square

그 이름처럼 블라디보스토크의 심장부 역할을 하는 중앙광장. 이곳은 국가 주요 행사가 치러지고, 평소 시민들에게 개방되어 휴식공간으로 이용되는 장소다. 여행자들에게는 블라디보스토크 산책을 위한 나침반 역할을 하는 곳. 광장을 기준으로 일대를 좌우로 나눠 동선을 설계하면 보다 효율적으로 이동할 수 있기 때문이다. 광장 중앙에는 소비에트 혁명(1917~1922년)에 가담한 극동 지역 전사들을 위한 동상이 1961년에 세워졌다. 좌우에는 선원과 군인 노동자들의 동상들이 있고, 광장 오른쪽 끝에는 블라디보스토크 125주년 기념 오벨리스크가 우뚝 서 있다.

지도 P.50-A2 **주소** Центральная площадь **가는 방법** 블라디보스토크역에서 포킨 제독 거리 방향으로 내리막길을 걷다 보면 아르세니예프 국립연해주박물관 사거리가 나온다. 이곳에서 우측 방향으로 걷다 보면 좌측 방향으로 중앙광장이 보인다. 블라디보스토크역에서 도보로 10분(800m) 소요된다.

블라디보스토크와 사랑에 빠진

## 엘리노어 프레이 동상 Памятник Элеоноре Прей Monument Eleanor Prey

블라디보스토크에 세워진 동상 가운데 단연 눈에 띄는 것은 바로 엘리노어 프레이의 아름다운 자태다. 모국인 미국을 떠나 상인인 남편을 따라 1894년 블라디보스토크에 정착한 그는 36년간 이곳에 거주하면서 제1차 세계대전과 러시아 혁명 등을 경험했다. 말 그대로 러시아 역사의 소용돌이 한가운데에 존재했던 그는 자신의 처지를 기록한 2100여 통의 편지를 남겼는데, 당대의 상황을 묘사한 이 서신들은 오늘날 중요한 사료로 평가받고 있다. 동상 옆 벽면에는 '내 인생의 가장 좋았던 시기를 블라디보스토크에서 보냈다'는 편지 글 일부가 새겨져 있다.

지도 P.50-A2 **주소** ул. Светланская, 41 Svetlanskaya St, 41 **가는 방법** 중앙광장 앞으로 동서로 뻗은 스베틀란스카야 대로를 따라 동쪽으로 400m(도보 5분)를 걷다 보면 우체국이 나오고 계단에 세워진 동상을 볼 수 있다.

러시아의 마지막 황제

## 니콜라이 개선문 Николаевские тумалные ворота Vladivostok Triumphal Arch

러시아의 마지막 황제였던 니콜라이 2세를 기념하기 위해 1891년 처음 세워 올린 건축물. 1927~1930년 러시아 혁명 당시 철거되었다가 2003년 니콜라이 2세 135주년 기념으로 복원되었다. 러시아 전통 비잔틴 양식으로 건축되었으며 꼭대기에는 로마노프의 상징인 쌍두 독수리상이 있다. 니콜라이 황제는 왕위 계승 전 러시아 황실의 전통에 따라 나라 전역과 세계의 이름난 도시들을 여행했는데, 블라디보스토크에서 상트페테르부르크에 이르는 그의 자취엔 이와 같은 모양의 개선문이 세워져 있다.

지도 P.50-A3 **주소** лица Петра Великого, 8 Ulitsa Petra Velikogo, 8 **가는 방법** 중앙광장 앞으로 동서로 뻗은 스베틀란스카야 대로를 따라 동쪽으로 걷다 보면 좌측으로 굼백화점이 보이고 조금 더 직진하면 공원이 나온다. 공원 안으로 들어가면 우거진 나무들 사이로 개선문이 눈에 들어온다. 중앙광장에서 도보로 12분(1km) 소요된다.

소련의 영웅 잠수함이 박물관으로 재탄생한

## 해군잠수함박물관

**Мемориальная Гвардейская Краснознамённая подводная лодка С-56**

소련 태평양 함대에 소속되었던 잠수함 S-56은 1939년에 진수되어 제2차 세계대전 당시 독일 군함 10대를 침몰시키고 4대에 치명적인 타격을 입히는 성과를 거뒀다. 이를 기념하기 위해 잠수함 밖에 숫자 14가 새겨져 있다. 당시 모든 선원들에게 훈장이 수여될 만큼 소련의 영웅으로 칭송 받았고, 전쟁 후에 잠수함은 훈련용 잠수함으로 이용되다가 1975년 블라디보스토크로 옮겨와 박물관으로 단장했다. 선실, 조타실 등 잠수함 내부를 둘러볼 수 있고, 당시 사용했던 어뢰, 군복 등 전시품을 만날 수 있어 흥미롭다. 잠수함 바깥에는 전공을 세운 사람들의 명단이 죽 적혀 있고, 이들을 기리는 '꺼지지 않는 불꽃'이 타오르고 있다.

지도 P.50-A3 **주소** Корабельная наб Korabel'naya Naberezhnaya **전화** +7 (423) 222-51-70 **홈페이지** www.museumtof.ru **운영** 매일 09:00~20:00 **요금** 성인 100rub, 7~13세 50rub (사진촬영 50rub) **가는 방법** 중앙광장 앞으로 동서로 뻗은 스베틀란스카야 대로를 따라 동쪽으로 걷다 보면 좌측으로 굼백화점이 보이고 조금 더 직진하면 공원이 나온다. 공원 안으로 들어가 개선문을 지나 더 안쪽으로 들어가면 잠수함이 눈에 들어온다. 중앙광장에서 도보로 13분(1.1km) 소요된다.

블라디보스토크의 기록적 역사
## 도시박물관 Музей им. В.К. Арсеньева Arsen'yev Museum

니콜라이 2세 개선문 바로 옆에 위치하고 있는 도시박물관은 블라디보스토크의 도시 역사를 한눈에 볼 수 있는 공간이다. 한적한 시골 마을에 불과했던 이곳이 러시아를 대표하는 항구도시로 발전해 가는 모습을 사진과 영상으로 수 있다. 과거 블라디보스토크 사람들의 생활상을 엿볼 수 있는 옷들과 생활도구 등도 전시되어 있어 타임머신을 타고 과거로 돌아간 듯한 느낌을 준다. 작고 아담한 규모지만 도시 역사에 관심이 있는 여행자라면 한번쯤 방문해 보자.

지도 P.50-A3 **주소** lулица Петра Великого, 6 Ulitsa Petra Velikogo, 6 **전화** +7 (423) 222-50-77 **홈페이지** www.arseniev.org **운영** 매일 10:00~19:00 **요금** 성인 200rub, 학생 100rub **가는 방법** 중앙광장 앞으로 동서로 뻗은 스베틀란스카야 대로를 따라 동쪽으로 걷다 보면 좌측으로 굼백화점이 보이고 조금 더 직진하면 공원이 나온다. 공원 안으로 들어가면 우거진 나무들 사이로 개선문이 보이는데 바로 옆에 있는 건물이다. 중앙광장에서 도보로 12분(1km) 소요된다.

러시아의 샌프란시스코를 꿈꾸다
## 푸니쿨라 Фуникулёр Funicula

푸니쿨라는 엔진 없이 밧줄의 힘만으로 궤도를 오르는 산악용 교통수단이다. 1962년부터 운행을 시작한 이 푸니쿨라는 당시 소련 공산당 서기장이었던 흐루쇼프가 블라디보스토크를 러시아의 샌프란시스코로 만들겠다는 야심작으로 추진한 결과물이다. 183m의 짧은 거리를 2분 남짓 오르내리지만, 도시를 대표하는 명물이자 시민들에게는 편리한 교통수단으로 자리매김한 지 오래다. 이곳은 또한 독수리전망대로 가는 관문이다. 푸니쿨라로 언덕 중턱까지 닿은 뒤 남은 비탈길을 걸어서 오르거나, 푸니쿨라 뒤꼍으로 난 계단을 쭉 올라가면 전망대에 닿는다.

지도 P.50-B2 **주소** Пушкинская улица, 29 Pushkinskaya Ulitsa, 29 **운영** 매일 07:30~20:00 (03, 10, 17, 25, 32, 40, 47, 55분 출발) **요금** 편도 12rub **가는 방법** 중앙광장에서 동서로 뻗은 스베틀란스카야 대로를 따라 동쪽으로 계속해서 걷다 보면 버거킹이 나온다. 버거킹에서 좌측으로 오르막길이 보이는데, 이 길을 따라 올라가다 보면 푸니쿨라 정류장이 눈에 들어온다. 중앙광장에서는 도보로 18분(1.4km) 정도 소요된다.

독수리도 쉬어갈 만큼 아름다운 망루

## 독수리전망대 Видовая Площадка Observation deck

블라디보스토크 여행의 백미. 해발 200m언덕에 위치한 이곳에 오르면 금각교, 블라디보스토크역과 항을 비롯해 도심 전체를 조망할 수 있다. 변치 않는 사랑을 꿈꾸며 열쇠를 걸어두는 연인들, 웨딩 촬영을 하는 현지인들을 쉽게 목격할 수 있다. 전망대 중앙에서 십자가를 메고 있는 두 사람은 러시아 키릴 문자를 만든 키릴로스와 그의 형 메토디오스다. 그리스 출신 선교사이자 언어학자였던 그들은 슬라브족을 전도하기 위해 문자를 고안했는데,이는 오늘날 러시아어 알파벳의 토대가 되었다. 날씨와 시간에 따라 천변만화하는 풍경을 만나고 싶다면 반드시 방문해 보아야겠다.

지도 P.50-B1 **주소** Ленинский район Ulitsa Sukhanova, 32 **가는 방법** 위쪽 푸니쿨라 정거장에서 오른쪽 문을 통해 밖으로 나가서 인도를 따라 걷다 보면 지하통로가 나온다. 지하통로를 지나 언덕을 오르면 금각교 전경이 보이는 독수리전망대에 도착한다. 도보 5분 소요된다. 버스를 이용할 경우 16ц Фуникулёр에서 하차 후 도보 5분 소요.

러시아 군대의 군기를 느낄 수 있는

## 태평양함대 군사박물관 Военно-исторический музей Тихоокеанского флота

태평양함대 군사박물관 건물은 1878년 목조양식으로 건축된 블라디보스토크 최초의 루터 교회다. 1908년 벽돌로 다시 지어져 1935년에 해군 장교들을 위한 클럽으로 사용되기도 했으나, 1950년 태평양함대 군사박물관으로 새단장하여 일반에 공개됐다. 전시실과 박물관 앞마당에는 당시 사용했던 다양한 무기들과 제복, 소품들이 전시되어 있다. 독수리전망대 인근에 자리하므로, 전망대를 오가며 들르기 좋다.

지도 P.50-B2 **주소** Светланская улица, 66 Svetlanskaya St, 66 **전화** +7 (423) 222-80-35 **홈페이지** www.museumtof.ru **운영** 수~일 10:00~17:00 **휴무** 매주 월,화요일 **요금** 성인 100rub, 학생 50rub **가는 방법** 중앙광장에서 동서로 뻗은 스베틀란스카야 대로를 따라 동쪽으로 계속해서 걷다 보면 버거킹이 나온다. 계속해서 직진해서 걸으면 러일전쟁 영웅 기념비가 나오고 바로 보이는 건물이 군사 박물관이다. 중앙광장에서는 도보로 20분(1.6km), 푸니쿨라 정거장에서는 도보로 1분(100m) 정도 소요된다.

블라디보스토크의 현재와 미래를 잇는

## 금각교 Золотоймост Gold Horn bridge

2012년에 8월에 열린 APEC 정상회의에 맞추어 건설된 금각교는 레닌스키 구와 페르보마이스키 구를 잇는 2.1km 사장교로 세계 최장 길이를 자랑한다. 사장교는 다리 위에 세운 교탑에서 비스듬하게 내린 케이블로 다리 상판을 매달아 놓은 형태의 교량을 말한다. 경제적이고 도시 미관을 아름답게 하지만 설계와 시공이 매우 어려운 것으로 알려져 있다. 금각교가 가로지르는 금각만은 이스탄불의 금각만에서 따온 이름으로 샌프란시스코의 금문교와 이름마저 비슷하다. 금각교는 보는 장소와 시간에 따라 다른 매력을 보여준다. 최근에는 야경을 보기 위해 늦은 시간 독수리전망대에 오르는 여행자들이 많아지는 추세다.

지도 P.50-B3 **주소** Золотоймост **가는 방법** 금각교는 블라디보스토크 주요 스폿에서 모두 볼 수 있는 만큼 그 존재감이 확실하다. 독수리전망대에서내려다보는 전망이 가장 아름답지만, 블라디보스토크역이나 여객선 터미널에서 올려다 보는 전망도 아름답다.

도시에서 가장 큰 정교회 사원

## 파크롭스키 공원 & 사원

**Покровскийпарк Храм**

울창한 나무와 벤치가 어우러진 도심 공원. 스산한 공동묘지였던 과거를 짐작할 수 없을 만큼 그 모습을 탈바꿈해 블라디보스토크 시민들의 쉼터로 자리매김했다. 공원 옆에는 블라디보스토크에서 가장 큰 러시아 정교회 성당인 파크롭스키 성당이 있다. 이곳은 1902년 완공되었지만 혁명기를 거치면서 철거되었다가, 2008년이 되어서야 원래 모습을 되찾았다. 사원 건설 당시 남은 건축 자재로 한국인들을 위한 학교를 지어 운영했다니 꽤 흥미로운 사실이다. 성당 내부에 들어가려면 정해진 옷차림을 해야 하며, 사진 촬영 금지라는 점을 유의해야 한다.

지도 P.50-A1 **주소** ЛОкеанский проспект, 44 Okeanskiy Prospekt, 4 **전화** +7 (423) 243-59-25 **홈페이지** www.pokrovadv.ru **가는 방법** 도보-중앙광장을 중심으로 북쪽으로 뻗어 있는 아케안스키 대로를 따라 북쪽으로 1.6km(도보 20분) 걸으면 파크롭스키 사원과 공원에 도착한다. 버스-54а, 55д, 98ц 탑승 파크롭스키 공원(парк Покровский)에서 하차.

## +Plus 루스키섬, 당일치기 테마 여행

루스키섬은 천혜의 자연과 넉넉한 여유를 간직한 곳이다. 도시에서만 일정을 보내기 아쉬운 이들이라면, 이곳 루스키섬의 자연과 대표 랜드마크인 오셔너리움, 극동연방대학교를 두루 돌아보아도 좋다.

©www.primocean.ru

### 프리모르스키 오셔너리움

**Приморский океанариум** primirsky oceanarium

2016년 가을 개장한 이래 세계에서 3번째로 큰 아쿠아리움으로 손꼽힌다. 37,000㎢에 달하는 내부 면적은 축구장의 약 5배에 달한다. 전 지구 해양 생태계에 변화와 러시아 근해 동식물을 만나볼 수 있는 이곳은 러시아를 비롯한 세계 해양 생태계의 역사와 변화, 보전을 위한 연구와 실험이 이뤄지고 있는 시설로서의 역할도 도맡는다. 화려한 볼거리를 기대하긴 어렵지만, 800석 규모의 공연장에서 오전 11시부터 3시까지 만날 수 있는 해양 동물 쇼는 상상 이상의 즐거움을 안긴다. 잠수부와 함께 춤을 추는 흰돌고래, 윗몸 일으키기를 하는 바다사자, 트위스트 춤을 추는 물개들이 펼치는 이 공연은 어른아이 할 것 없이 모든 관람객에게 재미와 전율을 느끼게 해준다.

지도 P.36 **주소** ул.Академика Касьянова, 25 st. Akademika Kasyanova 25, Russkiy **전화** +7 (423) 223-94-22 **홈페이지** www.primocean.ru **운영** 화~일 10:00~20:00 (티켓 오피스 09:30~18:30) **휴무** 매주 월요일 **요금** 아쿠아리움(성인 1000rub 5~14세 500rub 5세 미만 무료) 통합권(아쿠아리움+돌피너리움 / 성인 1200rub, 5~14세 600rub, 5세 미만 무료) **가는 방법** 이줌루트 izmurud mall에서 15번 버스 탑승(28개 정류장, 50분 소요, 23rub)후 15~20분 간격으로 운영하는 무료 셔틀버스를 이용하거나 도보(1km)로 14분.

# 극동연방대학교 Золотоймост Far Eastern Federal University

극동연방대학교(FEFU)는 러시아의 마지막 황제 니콜라이 2세의 명을 받들어 1899년에 처음 세워진 극동 최대 규모의 대학이다. 개교 이래 현재 3만 5000여 명의 학생들과 4000여 명의 교직원, 77개의 연구소가 운영 중이며, 러시아 최상위 5위권 대학에 선정된 명문 중의 명문이다. 2012년 APEC 정상회의 장소로 불모지와 같았던 루스키섬이 선정되면서 이곳에 극동국립대학, 국립경제대학, 극동국립기술대학, 우수리스크 사범대학 등 도시 곳곳에 산재해 있던 4개 대학을 통합해 대규모 캠퍼스를 건설한 것이 오늘의 모습이다. 대부분 최근에 지어진 건물인 탓에 러시아 전통 건축물을 기대할 수 없다는 점, 카페테리아를 제외한 거의 모든 건물에 대한 일반인의 출입을 통제하고 있다는 점, 도심에서 버스로 한 시간가량 떨어진 근교에 위치한다는 점 등은 미리 알아두는 게 좋겠다.

지도 P.36 **주소** 10 Ajax Bay, Russky Island **전화** +7 (800) 555-08-88 **홈페이지** www.dvfu.ru/en **가는 방법** 중앙광장 앞 이줌루트-2(Изумруд-2)에서 15, 29д번 탑승. 45분 소요된다.

## 극동연방대학교 캠퍼스 탐방 스폿

**가로수길**

본관 건물 앞에는 러시아 전역에서 옮겨온 다양한 묘목들이 자라나고 있다. 아직 심겨진 지 10년도 채 되지 않은 탓에 다소 황량한 느낌이 있다.

**해변 산책로**

2012년 APEC 개최를 위해 금각교와 함께 건설된 루스키 대교와 바다를 함께 조망하며 걸을 수 있는 해변 산책로가 캠퍼스를 끼고 1km가량 펼쳐져 있다.

**카페테리아**

캠퍼스 건물 대부분이 일반인의 접근을 통제하고 있기 때문에 화장실 이용이나 카페 이용에 제한을 받을 수밖에 없다. 하지만 3,5,8번 건물은 예외적으로 일반이 출입이 가능하다. 카페와 식당, 화장실 이용을 자유롭게 할 수 있다.

**자전거 렌털숍**

(평일 12:00~20:00, 휴일 11:00~20:00)

200ha에 달하는 캠퍼스를 둘러보기 위해 유용한 자전거를 빌려주는 렌털숍이 가로수길 끝(자전거 표시가 있는 건물)에 있다. 1인용 자전거는 시간당 150rub, 2인용 자전거는 250rub에 후불제로 빌려준다(신분증 필수).

# FOOD & DRINK
## 블라디보스토크의 먹거리

러시아 & 유럽

### 주마 Zuma

주마는 인근 해역에서 수확한 신선한 해산물을 재료로 하는 전문 레스토랑으로 모던하고 세련된 인테리어와 직원들의 수준 높은 서비스를 제공한다. 여행 애플리케이션 추천 식당 1위에 빛나는 데엔 다 그럴 만한 이유가 있다. 킹크랩 메뉴를 주문하면 살아있는 채로 먼저 손님들에게 가져와 신선도를 확인 받은 뒤 조리에 들어가니 믿고 맛볼 만하다. 한국어 구사가 가능한 직원이 있어 마음 놓고 식사를 즐겨도 좋다. 전화 예약과 배달 가능하다.

지도 P.44-B1 **주소** Фонтанная улица, 2 Fontannaya Ulitsa, 2 **전화** +7 (423) 222-26-66 **홈페이지** www.zumavl.ru **영업** 토~수 11:00~01:00 목, 금 11:00~03:00 **추천메뉴** 킹크랩, 게살 튀김, 시푸드 볶음밥 (한글메뉴제공) **예산** 1500~2000rub **가는 방법** 포킨 제독(아르바트) 거리에서 바다가 보이는 해양공원 쪽으로 걷다가 수프라 레스토랑이 보이면 우회전한다. 자매결연 공원을 지나 계속해서 직진하다가 이고르 체르니곱스키 사원이 보이면 좌회전한다. 1~2분 정도 걷다 보면 우측으로 레스토랑이 보인다. 포킨 제독(아르바트) 거리에서 도보로 5분(700m) 정도 소요된다.

## 리퍼블릭 Republic

대륙 횡단열차를 타기 전 출출한 배를 채우기에 알맞은 식당. 블라디보스토크를 찾아오는 관광객이 급증함에 따라 관광객의 입맛에 맞춘 다양한 식당들이 등장했지만, 리퍼블릭은 관광객에게 구애 받지 않는 로컬 식당이다. 다만 음식의 맛 또한 완연히 '로컬' 하기 때문에, 메뉴 선택에 신중을 기해야 한다는 사실을 유념해야겠다. 카페테리아 형식으로 운영되기 때문에 러시아어를 구사하지 못해도 주문에 어려움이 없다.

지도 P.39-C3 **주소** Верхнепортовая улица, 2г Ulitsa Verkhneportovaya, 2г **전화** +7 (423) 221-50-6 **영업** 월~목 09:00~23:00 금, 토 09:00~24:00, 일 10:00~23:00 **추천메뉴** 수제 소시지, 야채볶음밥, 샐러드, 김밥 **예산** 300rub **가는 방법** 블라디보스토크역에서 길을 건너면 슈퍼마켓이 있는 2층 건물이 보인다. 계단을 이용해 2층으로 올라가면 된다. 역에서는 50m 정도로 도보 1분 소요.

## 흘로폭 Хлопок Khlopok

러시아 대표 음식인 샤슬릭과 힌깔리를 맛볼 수 있는 우즈베키스탄 음식 전문점이다. 현지인들과 여행자 모두에게 인기 있다. 대표 인기 메뉴는 소고기 볶음밥이고, 말고기를 넣은 맛깔스러운 수프는 아직 러시아 음식이 낯선 이들이라도 꼭 도전해 볼 만한 요리다. 단, 양고기로 만든 음식은 한국인 여행자의 입맛에 다소 낯설게 느껴진다는 평이 있다. 훌륭한 위치로 사랑 받았던 블라디보스토크역 지점이 최근 폐점했으므로, 여행자의 동선에 가장 가까운 뻬르바야레치카 시장 인근 지점을 추천한다. 하나 더 알아두면 좋을 것은, 이곳 화장실이 매우 이색적이라는 점이다. 이곳만의 독특한 인테리어 감각을 구석구석 엿볼 수 있다.

지도 P.50-B1 **주소** Океанский пр., д. 117 Okeanskiy Prospekt, д. 117 **전화** +7 (423) 260-55-00 **홈페이지** www.cafehlopok.ru **영업** 일~목 12:00~24:00 금, 토 11:00~02:00 **추천메뉴** 샤슬릭, 소고기 볶음밥, 힌깔리(한국어 메뉴판 제공) **예산** 1000~1500rub **가는 방법** 중앙광장 첸트랄니 쇼핑몰Tsentr mall 정류장에서 54a 버스 탑승(5개 정류장, 8분 소요, 23rub)후 Pervaya Rechka 정류장에서 하차 후 도보(280m)로 3분 또는 이줌루트Izumrud Mall 정류장에서 7t 또는 51 버스 탑승(4개 정류장, 6분 소요, 23rub)후 Pervaya Rechka 정류장에서 하차 후 도보(280m)로 3분.

## 수프라 Супра Supra

블라디보스토크에서 줄을 서야 하는 조지아 음식점 중 하나. 수프라는 조지아어로 '식탁보' 란 뜻이다. 조지아에서 공수한 소품으로 따뜻하게 꾸민 실내와 직원들의 유쾌한 서비스, 가격에 비해 빼어난 음식의 만듦새로 만족도가 높다. 해양공원으로 들어가는 입구에 위치하고 있어서 한나절 여행 동선에도 넣기 적당한 곳이다. 쌀쌀한 날씨에 블라디보스토크를 여행한다면 쌀가루, 호박, 허브, 캅카스 향료를 넣은 조지아식 고기 수프인 '송아지 하초' 를 추천한다. 깊고 진한 호박수프의 매력에 빠지게 될 것이다.

지도 P.44-B3 **주소** улица Адмирала Фокина, 1Б Ulitsa Admirala Fokina, 1 б, **전화** +7 (423) 227-77-22 **홈페이지** www.supravl.ru **영업** 매일 12:00~24:00 **추천메뉴** 힌칼리Хинкали, 하차푸리 Хачапури **예산** 700~1500rub **가는 방법** 아르바트(포킨 제독) 거리에서 해양공원 방향으로 200m(도보 2분) 직진하면 공원 초입에 조지아식 항아리와 예쁜 화분들로 꾸며진 레스토랑이 한눈에 들어온다.

## 니 르이다이 Не рыдай

1909년에 세워진 고풍스러운 유럽식 호텔인 베르사유Версаль호텔 1층에 있는 식당이다. 원하는 메뉴를 쟁반에 담아와 계산하는 카페테리아식으로 운영되기 때문에, 메뉴를 고르고 주문하는 데 부담이 없다. 소시지, 감자, 생선, 고기 요리 등 러시아 가정식을 저렴한 가격으로 즐길 수 있는 데다, 화려한 샹들리에 아래 연주되는 피아노의 감미로운 멜로디가 음식 맛을 돋운다. 다만 주로 현지인들이 즐겨 찾는 식당이기 때문에 음식이 전반적으로 기름지고, 우리 입맛에는 다소 짤 수 있으므로 샐러드와 과일을 적절하게 섞어 고르는 것이 좋다.

지도 P.44-B3 **주소** ул. Светланская, 10 Svetlanskaya St, 10 **전화** +7 (908) 994-44-13**영업** 월~금 09:00-22:00 토~일 10:00-22:00 **추천메뉴** 개인 취향에 따라 메인메뉴(튀김, 소시지, 생선)을 고르고 샐러드나 스프를 선택하자. **예산** 200~300rub **가는 방법** 해양공원에서 포킨제독거리 쪽으로 걷다가 수프라가 보이면 우회전한다. 사거리가 나오면 좌회전하자마자 우측에 베르사유호텔이 보인다. 해양공원에서 6분(400m) 소요.

## 팔라우피시 PALAU FISH

주마와 함께 시푸드 레스토랑의 양대 산맥을 이루는 곳. 날마다 공수해 오는 신선한 해산물로 만든 사시미(회), 스시, 찜, 구이 등 다양한 메뉴를 제공한다. 킹크랩, 새우, 홍합, 굴로 만든 요리가 인기 메뉴. 저녁 시간대에 오랜 기다림을 감수해야 하고, 직원들의 서비스엔 대한 만족도가 높지 않다. 주마가 고급 레스토랑 느낌이라면 팔라우피시는 로컬 식당 분위기를 물씬 풍긴다. 메뉴와 가격이 비슷하기 때문에 분위기에 맞게 선택하도록 하자.

지도 P.50-A2 **주소** улица Суханова, 1 Ulitsa Sukhanova, 1 **전화** +7 (423) 243-33-44 **홈페이지** www.palaufich.com **영업** 매일 11:00~24:00 **추천메뉴** 생선튀김, 해산물볶음밥, 킹크립 **예산** 2000~3000rub **가는 방법** 중앙광장에서 동서로 뻗은 스베틀란스카야 대로를 따라 동쪽으로 계속해서 걷다 보면 ZARA가 있는 굼백화점이 눈에 들어온다. 이곳에서 좌측으로 난 우로레비차 대로를 따라 오르막길로 올라간다. 회전교차로에서 우측으로 난 길을 따라 올라가면 좌측에 레스토랑이 있다. 중앙광장에서 도보로 13분(800m) 소요된다.

## 댑바 DAB bar Dab drink and burger

오픈한 지 얼마 되지 않았지만 현지인과 여행자들에게 입소문 자자한 수제 버거 전문점. 질 좋은 고기와 채소로 만드는 맛깔스러운 수제 버거는 물론이고, 깔끔한 인테리어, 친절한 서비스, 그리고 유쾌한 분위기가 주된 인기 요인으로 꼽힌다. 연어를 패티로 사용한 모비딕(Moby-Dick, 390rub), 대식가를 위한 빅건(Big Gun, 550rub), 댑바의 대표 버거인 그랜드 캐니언(Grand Canyon, 380rub) 중 하나를 선택하면 후회가 없다. 12:00까지 제공되는 아침 메뉴, 요일별 특별 메뉴도 마련하니 선택의 폭이 넓다.

지도 P.39-D1 **주소** Алеутская улица, 21 Ulitsa Aleutskaya, 21 **전화** +7 (423) 262-01-70 **홈페이지** www.dabbar.ru/kr **영업** 월~목 09:00~02:00, 금 09:00~08:00, 토 10:00~20:00, 일 10:00~02:00 **추천메뉴** 그랜드 캐니언, 모비딕 **예산** 500~1000rub **가는 방법** 블라디보스토크역에서 중앙광장 쪽으로 600m(도보 8분) 정도 걷다 보면 중앙광장과 포킨 제독 거리, 해양 공원으로 나뉘는 사거리가 나오는데 바로 좌측에 있는 건물이다.

## 오고넥 OGONEK

아스토리아 호텔 1층에 있는 오고넥은 조용하고 고급스러운 분위기에서 러시아 음식을 비롯한 동서양 음식을 두루 맛볼 수 있는 곳이다. 현지인들에게는 킹크랩과 양갈비로 유명한 식당이지만, 양고기가 들어간 음식은 특유의 풍미로 인해 한국인 여행자에겐 쉽지 않은 도전 과제다. 치킨 샐러드와 파스타 등 기본기가 탄탄한 메뉴들도 함께 선보이니 대안으로 고려해 볼 만하다. 식전 빵은 추가 금액을 따로 지불해야 하므로 신중히 주문할 것. 도심과 거리가 있는 만큼 근처에 있는 파브롭스키 성당(공원)과 묶어 들르면 좋다.

지도 P.50-B1 **주소** Партизанский проспект, 42 Partizanskiy Prospekt, 42 **전화** +7 (423) 230-20-45 **홈페이지** www.astoriavl.ru **영업** 12:00~ 01:00 **추천메뉴** 치킨샐러드, 크림파스타 **예산** 2000~3000rub **가는 방법** 파크롭스키 공원에서 우측 방향으로 걸으면 아스토리아 호텔이 보인다. 중앙광장에서 버스-54a, 55д, 98ц 탑승 후 파크롭스키 공원(парк Покровский)에서 하차한 다음 공원을 가로질러 오르막길로 올라가면 아스토리아 호텔이 보인다.

## 모로코 & 메드

**Молоко и мёд** Moloko & Med

롯데호텔 인근 수하노프 공원 앞에 자리한 유럽식 레스토랑. 이국적인 느낌의 파스텔톤 외벽과 야외 테라스, 은은한 조명과 안락한 실내 장식이 고급스러움을 더한다. 유럽식 레스토랑답게 대표 메뉴는 피자, 파스타, 리소토 등이고, 킹크랩을 비롯한 해산물 요리와 러시아 음식도 함께 선보인다. 잉글리시 브렉퍼스트(커피, 주스, 베이컨, 삶은 콩, 잼과 토스트)와 프렌치 브렉퍼스트(커피, 주스, 오믈렛, 크루아상, 잼과 토스트)는 420rub에 즐길 수 있는 세트 메뉴로, 여행자는 물론 현지 손님들에게도 인기가 높다. 한국어 메뉴판을 마련했으니 필요한 경우 요청해도 좋다.

지도 P.50-B1 **주소** ул. Суханова, 6а Ulitsa Sukhanova, 6a **전화** +7 (423) 258-90-90 **홈페이지** www.milknhoney.ru **영업** 일~금 10:00~24:00 토 10:00~01:00 **추천메뉴** 크림 펜네파스타, 버섯 피자, 양고기 요리 **예산** 400~600rub **가는 방법** 굼백화점(간판 '자라')에서 좌회전 후 오르막길을 올라가다, 롯데호텔 삼거리에서 우회전하여 계속 직진한다. 좌측으로 수하노프 공원이 보이고 공원 맞은편이 식당이다. 중앙광장에서 도보(600m) 10분 소요된다.

## Plus 포킨 제독 거리에서 먹고 마실 곳

포킨 제독 거리와 해양공원이 만나는 길엔 낮에는 레스토랑, 밤에는 클럽으로 운영되는 펍pub이 옹기종기 모여 있다.

### 포킨 제독 거리의 가볼 만한 펍

#### 캣 & 클로버 CAT & CLOVER

자체 생산한 신선한 수제 맥주를 선보이는 캣 앤 클로버는 풍성한 플레이리스트가 매력적인 브루펍이다. 홀로 여행 중이라도 상관 없다. 흘러나오는 음악에 귀를 기울이다 보면 어느새 어색함은 사라지고 취흥만 남는다. 고단한 여정을 갈무리하기에 더할 나위 없는 공간.

지도 P.44-B3 **주소** ул. Адмирала Фокина, 1a Ulitsa Admirala Fokina, 1a **전화** +7 (423) 230-03-31 **홈페이지** catclover.ru **영업** 일~목 12:00~3:00 금~토 12:00~5:00

#### 머미 트롤 뮤직 바 Mummy Troll Music Bar

러시아 인기 밴드인 '머미 트롤 Mummy Troll'과의 협업으로 탄생한 머미 트롤 뮤직바. 공연이 있는 날이면 열정 넘치는 블라디보스토크의 젊은이들로 인산인해를 이룬다. 블라디보스토크 록 페스티벌의 공연장으로도 사용되는 곳이지만, 공연이 없는 날에는 음악만 공간을 채운다.

지도 P.44-B3 **주소** Пограничная ул., 6 Pogranichnaya Ulitsa, 6 **전화** +7 (425) 510-58-48 **홈페이지** mumiytrollbar.com **영업** 매일 24시간 영업

#### 드루지바 ДРУЖБА Бар Druzhba Bar

드루지바는 머미 트롤 뮤직바와 같은 건물에 위치한 레스토랑 & 바다. 저녁 8시까지는 레스토랑으로 운영되다가 이후엔 바 bar로 낯을 바꾼다.

지도 P.44-B3 **주소** Пограничная ул., 6a Pogranichnaya Ulitsa, 6a, **전화** +7 (423) 262-11-01 **영업** 일~목 12:00~03:00 금~토 12:00~06:00

**Tip 밤 거리를 거닐 때 주의하세요**

블라디보스토크는 비교적 안전한 도시지만, 언제나 취한 여행자를 상대로 한 불합리한 대우(자릿세 요구, 음식값 조작)에 유의해야 한다. 소매치기나 현지인들과의 마찰이 일어나지 않도록 신경을 써야 함은 물론이다.

아시아

## 미리네 МИРИНЭ MIRINE

복합 쇼핑몰 미니굼 6층에 입점해 있는 한식당. 사진과 번호가 함께 매겨진 메뉴판이 있어 주문하기에 어려움이 없다. 비빔밥(350rub)은 단연 이곳 최고의 인기 메뉴. 그 외 김치찌개, 제육볶음, 김치볶음밥 등 대부분의 메뉴가 400rub 이하의 합리적인 가격이라 주머니 가벼운 여행자들이 허기를 달래기 좋다.

지도 P.50-A2 **주소** Светланская улица, 45 Svetlan skaya St, 45 **전화** +7 (423) 274-21-82 **홈페이지** www.vladgum.ru **영업** 10:00~20:00 **추천메뉴** 김치볶음밥, 비빔밥 **예산** 300~400rub **가는 방법** 중앙광장에서 스베틀란스카야 대로를 따라 동쪽으로 걷다가 우체국과 엘리노어 프레어 동상을 지나면 좌측으로 쇼핑몰이 있다. 중앙광장에서 도보로 5분(500m) 소요.

## 코리아하우스 Korea House

고려인이 운영 중인 코리아 하우스는 20년 넘게 자리를 지켜오면서 현지인과 관광객들에게 한국 음식을 알리고 있는 한식당이다. 돼지고기를 참기름에 볶은 뒤 김치찌개를 끓여 낼 만큼 한국식 레시피를 따르고 있지만, 음식 종류에 따라 현지화를 통해 현지인의 입맛까지 사로잡았다. 밑반찬이 1회에 한해 무료로 제공되는데 현지 음식 때문에 느끼해진 입맛을 한 방에 정리해준다. 오늘의 메뉴 형태로 평일 12:00부터 17:00까지 제공하는 비즈 런치 세트(450rub)가 인기 메뉴다.

지도 P.45-C2 **주소** Семёновская улица, 7Б Semenovskaya Ulitsa, 7Б **전화** +7 (423) 226-94-64 **홈페이지** www.koreahouse.su **영업** 매일 12:00~24:00 **추천메뉴** 비즈니스 런치, 비빔밥 **예산** 1500~ 200rub **가는 방법** 포킨 제독(아르바트) 거리에서 추다데이 매장을 끼고 좌측으로 돌아 직진한다. 첫 번째 사거리를 만난 후 다시 좌측으로 돌아가면 작은 삼거리를 만난다. 우측 골목으로 들어가면 한옥 스타일로 꾸며진 출입구가 한눈에 들어온다. 도보로 5분 소요(400m).

## 해금강 Haekeumkang

롯데호텔 지하 1층에 자리한 한식당. 고급스럽고 깔끔한 분위기에서 정갈한 음식이 제공된다. 크랩 라면과 소고기 김밥 정식(650rub), 부대찌개(2인분, 1700rub), 불고기 전골(2100rub), 돌솥비빔밥(750rub)이 여행자들에게 인기 메뉴다. 식사 후에는 수정과와 디저트도 제공된다.

지도 P.50-A2 **주소** Семеновская ул., 29 Semenov skaya Ulitsa, 29 **전화** +7 (423) 240-73-10 **홈페이지** www.hotelhyundai.ru **영업** 12:00~23:00 **추천메뉴** 크랩라면+소고기김밥정식, 부대찌개 **예산** 1000~2000rub **가는 방법** 중앙광장에서 아케안스키 대로를 따라 북쪽으로 직진한다. 두 번째 만나는 사거리에서 우회전해 오르막을 오르면 좌측으로 롯데호텔이 나온다. 중앙광장에서 도보 6분(550m).

## 도쿄 가와이 Токио Tokyo Kawaii

코리아하우스와 나란히 있는 일식당인 도쿄 가와이는 그 이름처럼 '귀여움'을 테마로 내세우고 있다. 화려한 샹들리에와 아기자기한 소품들이 어우러진 인테리어를 둘러보자면 일식당보다는 카페에 온 것 같은 느낌이 든다. 일식을 대표하는 사시미(회), 스시, 우동을 비롯해 아시아 음식들을 두루 제공하며 11:00~16:00에 운영하는 '비즈니스 런치'에 만족도가 높다. 블라디보스토크에 5개 지점을 운영 중이다.

**지도** P.39-C1 **주소** Семёновская улица, 7B Seme novskaya Ulitsa, 7B **전화** +7 (423) 244-77-77 **홈페이지** www.tokyo-bar.ru **영업** 11:00~02:00 **추천메뉴** 비즈니스 런치(400rub), 필라델피아 롤(340rub) **예산** 500~1000rub **가는 방법** 포킨제독(아르바트) 거리에서 동쪽으로 걷다가 추다데이 매장을 끼고 좌측으로 돌아 직진한다. 첫 번째 사거리를 만나면 다시 좌측으로 돌아서 직진하다가 작은 삼거리를 만나면 우측 골목으로 들어가면 우측으로 식당이 보인다. 도보 5분(400m) 소요.

## 덤블링 리퍼블릭 Дамплинг-Репаблик Dumpling Republic

싱가포르 딤섬 전문점으로 블라디보스토크에는 우수리 극장과 아케안 영화관에 입점해 있다. 입구에서 건네주는 영문 메뉴판에 원하는 메뉴와 수량을 표시해서 직원에게 주문하면 갓 빚어서 쪄낸 따뜻한 딤섬을 맛볼 수 있다. 창문 너머로 딤섬을 빚고 쪄내는 모습을 볼 수 있어서 더욱 믿음이 간다. 궈바로우, 샤오마이, 볶음밥, 군만두 등의 음식들이 한국인들에게 인기 메뉴다. 단, 호불호가 갈리는 면 요리는 신중히 주문할 것.

**지도** P.50-A2 **주소** Светланская улица, 31 Svetlan skaya St, 31 **전화** +7 (423) 240-67-69 **홈페이지** www.dumplingrepublic.ru **영업** 11:00~24:00 **추천메뉴** 새우딤섬, 볶음밥, 궈바로우 **예산** 500~1000rub **가는 방법** 중앙광장에서 스베틀란스카야 대로를 따라 동쪽으로 걷다 120m(도보 2분) 정도 걸으면 좌측으로 우수리 영화관이 나온다. 영화관 지하 1층에 있다.

카페

## 쇼콜라드니차 Шоколадница Shokoladnitsa

러시아를 대표하는 토종 프랜차이즈 카페 브랜드인 쇼콜라드니차. 러시아 전역에 퍼져 있어 어디서나 쉽게 만나볼 수 있다. 이곳에서 반드시 도전해 봐야 할 디저트는 조국전쟁 100주년 기념 축제에 등장했던 나폴레옹을 기리는 '나폴레옹 케이크' 다. 겹겹이 쌓인 달콤한 생크림과 과일이 환상적인 조화를 이룬다. 그 외에도 다양한 베이커리와 식사류, 음료를 선보이며 모닝세트, 런치세트를 이용하거나 포장할 경우 더 저렴한 가격에 이용할 수 있다.

**지도 P.45-C3** **주소** ул. Светланская, 13 Svetlanskaya St, 13 **전화** +7 (423) 241-18-77 **홈페이지** www.shoko.ru **영업** 08:00~24:00 **추천메뉴** 나폴레옹 케이크 Наполеон карамельно-ореховый, 핫초코 **예산** 250~500rub **가는 방법** 포킨 제독(아르바트) 거리에서 추다데이 매장을 끼고 우회전하여 남쪽으로 직진하면 KFC와 연해주과자상을 연이어 만날 수 있다. 바로 맞은편이 쇼콜라드니차 블라디보스토크점. 도보 4분(500m) 소요.

## 우흐 트 블린 Ух Ты, Блин

러시아식 팬케이크인 블린을 전문으로 선보이는 카페. 현지인들과 여행자들로 늘 북적이는 곳이다. 블린은 러시아 명절 음식이었지만 아침 식사이자 간식으로 일상에 자리를 잡았다. 기본 팬케이크 위에 햄이나 버섯, 초콜릿이나 잼 등 원하는 토핑을 선택해 나만의 메뉴로 즐길 수 있어 매력적이다. 토핑이 대체로 달기 때문에 아메리카노나 차를 함께 곁들이길 추천한다. 한국어 메뉴판이 제공되어 주문에는 어려움이 없다.

**지도 P.50-C3** **주소** улица Адмирала Фокина, 9 Ulitsa Admirala Fokina, 9 **전화** +7 (423) 200-32-62 **영업** 10:00~22:00 **추천메뉴** 아이스크림 블린, 견과류 블린 **예산** 250~500rub **가는 방법** 포킨 제독(아르바트) 거리 한복판에 있는 해적(로딩)커피 맞은편. 거리가 짧고 카페들이 모두 몰려 있기 때문에 찾기 쉽다.

## 로딩커피(해적커피) Pirate Coffee

시내 곳곳에서 만날 수 있는 로딩커피(해적커피)는 저렴한 가격에 커피와 디저트를 즐길 수 있는 블라디보스토크 로컬 카페다. 아메리카노(400ml)를 우리 돈 1000원 정도인 55rub에 판매할뿐더러, 음료와 디저트 메뉴 대부분이 100rub 이하이기 때문에 부담 없이 머물며 즐길 수 있다. 단, 컵 홀더를 제공하지 않기 때문에 뜨거운 음료를 주문했을 경우 특히 조심해야 한다는 점, 화장실은 남녀공용으로 한 칸밖에 없다는 사실을 참고해야겠다.

지도 P.45-C3 **주소** улица Адмирала Фокина, 7 Ulitsa Admirala Fokina, 5-7 **전화** +7 (800) 333-29-30 **영업** 10:00~20:00 **추천메뉴** 라페라테, 티라미수 **예산** 50~100rub **가는 방법** 포킨 제독(아르바트) 거리에서 유명한 블린 전문점 '우흐 트 블린' 바로 옆 가게. 거리가 짧고 카페들이 모두 몰려 있기 때문에 찾기 쉽다.

## 파이브 어클락 Five o'clock

티타임을 갖는 영국의 간식 문화를 오롯이 느낄 수 있는 곳. 시골 가정집에 들어온 것 같은 아늑한 분위기의 영국식 카페인 파이브 어클락은 이미 여행자들의 필수 코스로 알려져 있다. 영국 현지에서 공수한 각종 차(블랙, 로즈)는 물론이고, 영국 전통 레시피로 만든 스콘, 케이크, 파이 등을 합리적인 가격에 만나볼 수 있다.

지도 P.45-C3 **주소** улица Адмирала Фокина, Ulitsa Admirala Fokina, 6 **전화** +7 (423) 294-5-31 **홈페이지** www.five-oclock.ru **영업** 월~금 8:00~21:00, 토 09:00~21:00, 일 11:00~21:00 **추천메뉴** 스콘, 얼그레이, 호두파이 **예산** 200~300rub **가는 방법** 포킨 제독(아르바트) 거리 한복판에 있는 로딩커피(해적커피) 맞은편. 거리가 짧고 카페들이 모두 몰려 있기 때문에 찾기 쉽다.

## 피나 드니 Пена дней Pena Dney

해양공원과 요새박물관을 돌면서 얼어붙은 몸을 녹일 수 있는 곳이 있다. 바로 아쿠아리움 1층에 위치한 피나 드니다. 따스한 정서가 깃든 아기자기한 소품들에 둘러싸여 깊고 진한 맛을 내는 카페라테 한 잔을 마시면 묵은 피로가 절로 누그러지는 기분이다.

지도 P.44-A1 **주소** Батарейная улица, 4 Batareynaya Ulitsa, 4 **영업** 09:00-21:00 **추천메뉴** 카페라테 **예산** 200~300rub **가는 방법** 해양공원에서 요새박물관과 아케안리움이 있는 방향으로 직진하면 아케안리움 1층에 있다. 해양공원에서 도보 1분 거리(80m) 소요.

## 미셸 베이커리 Пекарня Мишеля Pekarnya Mishelya

파리 몽마르트 언덕의 명물, '르 그르니에 아 빵 아베스 Le Grenier a Pain Abesses'를 탄생시킨 미셸 칼로예가 만든 또 하나의 프랜차이즈 베이커리 카페. 최근 모스크바와 블라디보스토크에서 인기몰이 중이다. 블라디보스토크에만 8개의 지점이 운영 중이며 공항과 해양공원, 중앙광장 앞이 여행자들에게 접근이 쉽다. 조국 전쟁 100주년 기념 나폴레옹 케이크(260rub)와 당근 케이크, 형형색색의 에클레어와 따끈한 커피가 일품이다.

지도 P.45-C2 **주소** ул. Светланская, 4 Svetlanskaya St, 4 **전화** +7 (423) 299-04-99 **홈페이지** www.michelbakery.ru **영업** 월~화 09:00~00:00 수09:00~21:00 목~금 09:00~23:00 토~일 10:00~24:00 **추천메뉴** 나폴레옹 케이크 Наполеон карамельно-ореховый, 에클레어 эклер **예산** 300~400rub **가는 방법** 해양공원에서 포킨제독거리 쪽으로 걷다가 수프라가 보이면 우회전한다. 사거리가 나오면 우회전 해서 아케안 영화관 쪽으로 오르다 보면 좌측에 카페가 보인다. 해양공원에서 6분(450m) 소요.

## 라콤카 Лакомка Lakomka

1903년부터 한 세기 넘게 전통과 맛을 이어가고 있는 블라들렘사의 '라콤카' 는 시내 곳곳에서 만날 수 있는 동네 빵집이다. 달콤한 잼과 고소한 소보로로 만든 로잔, 고기와 각종 채소를 넣어 만든 삼사, 각종 케이크 등 매장에서 갓 구워낸 신선한 빵을 매우 저렴한 가격에 제공한다. 17:00 이후에 20% 할인 판매도 참고하자.

지도 P.45-C3 **주소** Пограничная ул., 6А Pogranichnaya Ulitsa, 6A **전화** +7 (423) 250-13-25 **홈페이지** www.vladhleb.ru **영업** 매일 10:00~21:00 **추천메뉴** 로잔 Розан, 삼사 Самса **예산** 100~200rub **가는 방법** 포킨 제독(아르바트) 거리에서 동쪽으로 걷다가 추다데이 매장을 끼고 좌측으로 돌아 직진한다. 첫 번째 사거리를 만나 다시 좌회전하면 우측으로 베이커리가 보인다. 도보로 5분 소요(350m).

# SHOPPING
## 블라디보스토크의 쇼핑

해조류로 만든 초콜릿이 이색적인
### 연해주과자상 Приморский кондитер Primorsky confectioner

1907년 설립된 연해주과자상은 블라디보스토크를 대표하는 초콜릿과 쿠키, 과자를 생산하는 업체다. 제1차 세계대전, 공장 국유화 등 대내외적인 어려움 속에서도 한 세기 넘게 맛과 전통을 이어오고 있으며 직영 매장뿐 아니라 시내 곳곳에 있는 슈퍼마켓에서도 П K 로고가 박힌 제품들을 쉽게 찾아볼 수 있다. 특히 소금, 미역, 다시마 초콜릿 등은 '단짠' 의 오묘한 조화를 느낄 수 있는 제품이라, 여행자들의 필수 쇼핑 아이템으로 인기가 높다.

지도 P.45-C3 **주소** Алеутская улица, 25 Ulitsa Aleutskaya, 25 **전화** +7 (423) 240-67-40 **홈페이지** www.primkon.ru **영업** 09:00~21:00 **가는 방법** 포킨 제독(아르바트) 거리에서 동쪽으로 걷다가 추다데이 매장을 끼고 우회전하여 직진하면 KFC 옆에 있다. 도보로 2분(200m) 소요(아르세니예프 박물관 바로 앞).

바로크 양식의 러시아 국영 백화점
### 굼백화점 ГУМ

굼ГУМ은(Главный универсальный магазин)의 약어로'종합백화점' 이라는 뜻이다. 블라디보스토크 굼백화점은 블라디보스토크를 대표하는 건축물 중 하나로 손꼽히는 곳이다. 독일 기업가인 쿤스트와 알베르스는 1884년 독일 함부르크에서 공수해온 대리석과 건축 자재들로 바로크 양식의 건물을 세웠다. 소련 시기에 건물이 국유화되었고 1934년부터 국영백화점으로 운영되기 시작했다. 러시아 저가 화장품과 소품들을 판매하는 추다데이가 1층에 입점해 있다. 건물 대부분을 의류 브랜드인 자라ZARA 매장이 점유하고 있고 지하로 내려가면 나폴레옹 케이크로 유명한 미셸 베이커리와 기념품숍이 있다. 굼백화점 안마당은 여행자들이 방문해야 할 필수 포토존이다. 밤이 되면 불빛이 아름다워 야경코스로도 추천하는 장소다.

지도 P.50-A2 **주소** ул. Светланская, 29 Svetlanskaya St, 29 **전화** +7 (423) 220-53-65 **홈페이지** www.vladgum.ru **영업** 10:00~20:00 **가는 방법** 중앙광장에서 스베틀란스카야 대로를 따라 동쪽으로 약 100m(도보 5분 소요) 정도 걸으면 좌측으로 ZARA라고 쓰여진 건물이 보인다.

©www.yves-rocher.ru

프랑스 국민 화장품을 러시아에서 만나다

## 이브로셰 Yves Rocher

프랑스 여성 3명 중 한 명은 사용한다는 이브로셰 매장이 포킨 제독(아르바트) 거리 인근에 있다. 자연친화적인 제품으로 한국 여행자들에게 인지도가 높은 데다 한국보다 가격이 저렴하다는 소문에 많은 여행자가 찾고 있지만, 실제 가격은 잘 따져봐야 한다. 구입하고자 하는 제품의 가격을 미리 알아보고, 현지 가격이 비교 우위를 점하는지 꼼꼼히 셈해 볼 것.

지도 P.45-D3 **주소** ул. Адмирала Фокина, 16 Ulitsa Admirala Fokina, 16 **전화** +7 (423) 226-92-79 **홈페이지** www.yves-rocher.ru **영업** 월~토 09:00~20:00, 일 10:00~19:00 **가는 방법** 중앙광장에서 아케안스키대로를 따라 북쪽으로 직진하다가 첫 번째 사거리를 만나 좌회전하여 100m(도보 1분) 가량 걸으면 좌측에 있다. 중앙광장에서는 7분(500m) 소요.

작지만 알차게 쇼핑을 즐길 수 있는

## 미니굼 Малый ГУМ

중앙광장에서 독수리전망대로 가는 길에 있는 미니굼은 이름처럼 '작은' 복합 쇼핑몰이다. 1~4층은 쇼핑몰, 5~6층은 푸드코트로 이뤄져 있으니 쇼핑과 식사를 한큐에 끝낼 수 있다. 해적커피, 로이스 초콜릿을 비롯해 러시아 유기농 화장품까지 기념품으로 유용한 제품들이 한데 모여 있어 알차게 쇼핑할 수 있다. 5층 푸드코트에서 한국, 인도, 이탈리아 음식을 저렴한 가격에 골라 먹는 재미가 있고, 아이스크림 가게와 카페도 있어 후식까지 해결할 수 있으니 일석이조.

지도 P.50-A2 **주소** ул. Светланская, 45 Svetlanskaya St, 45 **전화** +7 (423) 274-21-82 **홈페이지** www.vladgum.ru **영업** 10:00~20:00 **가는 방법** 중앙광장에서 스베틀란스카야 대로를 따라 동쪽으로 걷다가 우체국과 엘리노어 프레어 동상을 지나면 좌측으로 쇼핑몰이 있다. 중앙광장에서 도보로 5분(500m) 소요.

## Plus 슈퍼마켓 VS 약국

마지막 쇼핑, 어디서 할까? 알룐카 초콜릿과 내추라 시베리카 핸드크림을 구할 수 있는 쇼핑 스폿을 소개한다.

SUPERMARKET

### 프레시 25 Фреш25

지도 P.45-C3 주소 Семёновская улица, 15 Semenovskaya Ulitsa, 15 전화 +7 (423) 230-12-05 홈페이지 www.fresh25.ru 영업 24시간 가는 방법 포킨 제독(아르바트) 거리에서 동쪽 추다데이 방향으로 가면 사거리가 나온다. 이곳에서 좌회전해서 두 개의 사거리를 지나면 우측으로 클로버하우스가 보이고 건물 지하에 있다. 도보 7분(600m)소요.

### 브라제르 В-Лазер

지도 P.50-A1 주소 кеанский проспект, 52A Okeanskiy Prospekt, 52A 전화 +7 (423) 221-80-40 홈페이지 www.v-lazer.com 영업 07:00~01:00 가는 방법 파크롭스키 사원에서 아케안스키 대로를 따라 북쪽으로 650m(도보 7분)를 직진하면 우측으로 슈퍼마켓이 보인다. 혹은 중앙광장 Tsentr 정류장에서 54a 버스를 탑승한 후 Dal'press에서 하차한다 (약 6분 소요).

### 삼베리 Самбери Samberi

지도 P.37 주소 ул. Крыгина, 23 Ulitsa Krygina, 23 전화 +7 (423) 292-14-66 홈페이지 www.samberi.com 영업 08:00~23:00 가는 방법 연해주 미술관 맞은편에서 60번, 63번 버스 탑승한 후 Yaltinskaya St에서 하차(약 9분 소요).

DRUGSTORE

### 오비타 O'Vita

지도 P.45-D3, P.50-A2 주소 Сл. Адмирала Фокина, 27 Ulitsa Admirala Fokina, 27 전화 +7 (423) 226-14-76 홈페이지 www.ovita.ru 영업 07:30~22:00 가는 방법 중앙광장에서 아케안스키 대로를 따라 북쪽으로 180m(도보 2분) 가량 직진하면 약국이 보인다.

### 악수 Аксу Aksu

지도 P.38-B2 주소 1-я Морская ул., 8 1-Ya Morskaya Ulitsa, 8 전화 +7 (423) 241-14-07 영업 월~금 08:00~22:00, 토~일 09:00~22:00 가는 방법 블라디보스토크역 아르세니예프 박물관 방향으로 직진하다 공항철도역을 만나면 삼거리에서 좌회전하여 3분 정도 이동하면 좌측으로 약국이 보인다. 역에서 도보로 3분(350m)소요.

### 레지오날 Приморская Краевая Аптека Primorsky Regional Pharmacy

지도 P.50-A3 주소 ул. Светланская, 61 Svetlanskaya St, 61 전화 +7 (423) 222-96-29 영업 월~금 08:00~20:00, 토~일 10:00-20:00 가는 방법 중앙광장에서 스베틀란스카야 대로를 따라 동쪽으로 계속해서 걷다 보면 버거킹을 마주하고 있는 건물 1층에 있다. 중앙광장에서 도보로 15분(1.2km) 소요.

**Tip** 슈퍼마켓·약국 쇼핑 아이템리스트

**초콜릿** 알룐카, ПК(자두초콜릿, 새 초콜릿, 미역 초콜릿) **차** Green Field TESS ЧАГА(차가버섯차)
**탄산수** BORJOMI **약** Бефунгин(차가버섯 엑기스), Экстракт трепанга(해삼 엑기스)
**화장품** 아가피아 할머니 레시피(모발 강화 샴푸, 영양크림), Невская 넵스카야 (당근크림), Свобода스바보다 (영양크림), Natura Siberica 내추라 시베리카 (핸드크림)

# ACCOMODATION
## 블라디보스토크의 숙소

호텔

### 롯데호텔 Lotte Hotel & Resort

블라디보스토크의 유일한 5성급 호텔이었던 현대호텔을 롯데가 인수해 2018년 4월 리뉴얼 오픈했다. 153개의 객실과 4개의 연회장, 수영장과 사우나, 피트니스센터 등을 갖추고 있으며 지하 한식당과 루프톱 바까지 갖추고 있어 한국 여행자뿐 아니라 현지인들의 발길도 끊이지 않는다.

**지도** P.50-A2 **주소** Семеновская ул., 29 Semenovskaya Ulitsa, 29, **전화** +7 (423) 240-72-01 **홈페이지** www.lottehotelvladivostok.com

### 아지무트호텔 Azimut Hotel

주요 관광지와의 높은 인접성은 물론, 멋진 오션뷰를 즐길 수 있는 호텔로 한국 여행자들에게 인기를 얻고 있는 숙소다. 아담한 규모지만 쾌적한 룸 컨디션을 자랑하며, 아침 식사에 대한 만족도도 높은 편이다. 해양공원, 아케안 영화관 등이 도보 10분 거리 안에 있고, 비즈니스센터 내에서 PC와 프린터를 무료로 이용할 수 있다.

**지도** P.38-B2 **주소** наб. ул., 10 Naberezhnaya Ulitsa, 10 **전화** +7 (423) 241-19-41 **홈페이지** www.azimuthotels.com

### 테플로호텔 Teplo Hotel

블라디보스토크역과 도보 5분 거리에 있어 시베리아 횡단열차를 이용하거나 공항으로의 이동시간에 제한이 있는 경우 추천할 만한 호텔이다. 국립연해주미술관과 아르세니예프 박물관이 도보 10분 거리에 있다. 객실과 호텔 전체가 화려한 원색 컬러의 침구와 가구들로 꾸며져 있어 모던하고 깔끔한 느낌을 준다.

**지도** P.39-C3 **주소** осьетская ул., 16 Pos'yetskaya Ulitsa, 16 **전화** +7 (423) 290-95-55 **홈페이지** www.teplo-hotel.ru

## 아스토리아호텔 Astoria Hotel

시내 주요 관광지와 거리가 떨어져 있지만 조용하고 편안하게 머물 수 있어 한국 여행자들에게 인기를 얻고 있는 호텔이다. 도보2분 거리에는 산책하기 좋은 파크롭스키 사원과 공원이 있고, 유명 호텔 한식당과 비교해도 손색이 없는 음식과 서비스가 제공되는 한식당 '신라' 가 도보 1분 거리에 있다. 1층에 있는 레스토랑 '오고넥' 은 식도락가들이 일부러 찾아 올 만큼 만족도가 높은 식당이다. 욕실 수압이 낮아서 불편했다는 여행자들이 있으니 참고하도록 하자.

지도 P.50-B1 **주소** Партизанский пр., 44 Partizanskiy Prospekt, 44 **전화** +7 (423) 230-20-44 **홈페이지** www.astoriavl.ru

## 젬추지나호텔 Zemchuzhina Hotel

블라디보스토크역과 도보로 5분이면 닿을 수 있는 위치로 가성비 높은 호텔로 손꼽히는 곳이다. 최근 리모델링을 마쳐 객실이 더 밝고 깨끗해졌다. 조식에 대한 만족도가 높지 않은 편이니 호텔 뒤편에 있는 24시간 마트나 블라디보스토크역 주변 식당을 이용하는 것이 좋겠다. 단체 관광객들이 많이 찾는 호텔이니만큼 방음에 민감한 경우 추천하지 않는다.

지도 P.38-B3 **주소** ул. Бестужева, 29 Ulitsa Bestuzheva, 29 **전화** +7 (423) 230-22-41 **홈페이지** www.gemhotel.ru

## 시비르스코에호텔 Sibirskoe Podvorie

블라디보스토크 여행의 심장부인 포킨 제독(아르바트) 거리 인근에 위치하고 있어 주요 관광지로 접근이 용이하고, 아늑하고 조용한 객실에 대한 여행자의 만족도가 높은 편이다. 별도의 추가 요금 없이 제공되는 조식도 음식 종류는 많지 않지만 정성스럽게 제공된다. 엘리베이터가 없지만 직원들이 짐을 친절하게 옮겨주기 때문에 걱정하지 않아도 된다.

지도 P.50-A2 **주소** Океанский пр., 26 Okeanskiy Prospekt, 26 **전화** +7 (423) 222-52-66 **홈페이지** www.otelsp.ru

호스텔

## 호스텔 이즈바 Hostel IZBA Vladivostok

2017년 오픈한 호스텔로 편리한 위치와 친절한 서비스로 여행자들의 만족도가 높은 곳이다. 포킨 제독(아르바트) 거리와 24시간 운영 중인 클로버하우스가 바로 앞에 있고, 도보로 10분 안에 주요 관광지로 이동이 가능하다. 공용주방과 세탁실, 짐 보관 서비스도 이용할 수 있다. 무엇보다 나홀로 여행자들에게는 여행 정보를 교환하고 함께 추억을 나눌 친구를 만날 수 있다는 점이 가장 큰 매력이다.

**지도** P.45-C2 **주소** ул. Мордовцева, 3 Ulitsa Mordovtseva, 3
**전화** +7 (423) 290-85-08 **홈페이지** www.izba-hostel.ru

## 호스텔 글루비나 Hostel Glubina

깨끗하고 쾌적한 시설, 주요 관광지와 가까운 위치 덕에 여행자들의 사랑을 한 몸에 받고 있는 호스텔이다. 특히 직원들의 친절한 서비스에 대한 만족도가 높다. 이곳은 캡슐형 호스텔로 개인당 주어지는 공간에 여유가 있어서 답답함이 덜하다. 개인용 조명과 콘센트, 프라이빗 커튼까지 완벽하게 세팅되어 있고, 널찍한 주방과 샤워실도 매력적이다.

**지도** P.50-A2 **주소** ул. Уборевича, 5 a Ulitsa Uborevicha, 5 a
**전화** +7 (902) 524-11-09 **홈페이지** www.glubina-vl.ru

## 조디악 Capsule hotel Zodiak

아케안 영화관 옆에 위치한 캡슐호텔로 최근에 오픈했다. 방음 정도와 객실 크기는 아쉬운 편이지만 깨끗하게 유지되고 있는 샤워실에 넉넉하게 비치된 타월, TV와 에어컨을 비롯해 작지만 있을 건 다 있는 개인 공간, 친절한 직원 서비스로 미리 예약하지 않으면 안 될 정도로 인기를 얻고 있다. 해양공원과 인접해서 음식점과 카페, 슈퍼마켓 등 편의시설을 이용하기에도 좋다.

**지도** P.39-C1 **주소** Тигровая ул., 30 Tigrovaya Ulitsa, 3
**전화** +7 (902) 524-11-09

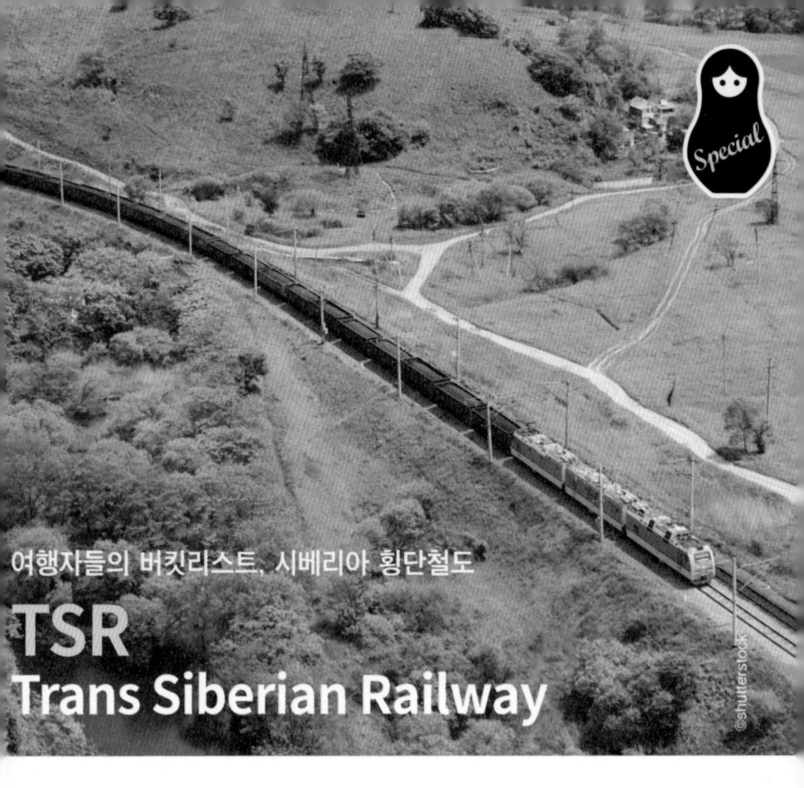


여행자들의 버킷리스트

## 9288㎞의 기나긴 꿈, 시베리아 횡단철도 TSR Trans Siberian Railway

시속 100km로 6박 7일을 달려야 하는 여정. 시속 300km를 주파하는 KTX로 쉼 없이 달려도 2박 3일을 가야 하는 거리다. 흔들리는 열차 안에서 제대로 된 식사를 할 수도, 샤워는 고사하고 머리 한 번 시원하게 감을 수가 없다. '여행 旅行'이라기보단 '고행 苦行'이란 말이 더 어울리는 이 여행을 오늘도 수많은 사람들이 시작한다. 그리고 그보다 더 많은 사람들이 자신의 남은 인생의 버킷리스트로 이 여행을 꿈꾸며 준비한다. 무엇이 이 여행을 꿈꾸고, 즐기게 하는 걸까?

열차는 우리를 세계에서 가장 깊은 못인 바이칼 호수로 인도한다. 때때로 드넓은 몽골의 초원을 말들과 함께 달리고, 쏟아질 것처럼 반짝이는 수많은 별들을 이불 삼아 잠들 수 있도록 만들어 준다. 창밖으로 드넓은 평야가 파노라마처럼 밀려왔다 다시 멀어지고, 산과 강의 비밀스러운 풍경이 흘낏 나타날 때, 어느새 나라와 나라, 대륙과 대륙의 경계는 무의미해진다. 자연스러움이 주는 자유와 평화를 일주일의 기차여행을 통해 깊이 경험할 수 있을 것이다.

**Plus** TSR 본선 외 구간 노선 알아보기

❶ **몽골횡단철도** 러시아 울란우데에서 분기해 몽골을 거쳐 중국 베이징까지 닿는 횡단 철도.

❷ **만주횡단철도** 러시아 카림스카야에서 분기해 중국 하얼빈, 톈진을 거쳐 베이징까지 닿는 철도.

❸ **바이칼-아무르철도** 러시아 타이셰트에서 분기해 바이칼 호 지역 깊숙이 들어가는 철도.

❹ **두만강선** TSR의 지선인 블라디보스토크-하산 노선으로부터 북한 두만강역으로 이어지는 철도.

## TSR이란

시베리아 횡단철도는 1887년 건설에 대한 조사와 준비가 시작되어 1891년 착공되었고 1916년에 모스크바에서 블라디보스토크까지 9288.2km 전 구간이 개통되었다. TSR은 유럽과 아시아에 걸쳐 있는 러시아가 그 군사적, 경제적 지배력을 강화하려는 목적으로 추진되었고 이를 위해 10억 rub에 달하는 막대한 예산을 쏟아 부었다. 1937년 전 구간에 대한 복선화가 이뤄졌고 제2차 세계대전 중에 TSR은 병력과 군수물자 수송에 절대적인 역할을 했다. 현재는 대부분의 구간이 전철화되었으며, 러시아 12개주 87개 도시에 연간 20만 명의 여객과 1억 톤의 물자를 수송하고 있다.

## TSR 예약하기

TSR은 사전 예약이 필수다. 현지 역에서 티켓을 구매할 경우 좌석이 매진될 수도 있고, 무엇보다 영어로 의사소통이 어렵기 때문에 인터넷으로 저렴하고 안전하게 좌석을 확보하는 것이 좋다. 예매 순서와 주의해야 할 점은 다음과 같다.

### STEP 1 홈페이지 접속

러시아 철도청 공식 홈페이지에서 출발역과 도착역을 입력하고 탑승 날짜와 시간을 선택한다. 여기서 모든 시간은 모스크바 표준시를 기준으로 한다.

**러시아 철도청 홈페이지** pass.rzd.ru/main-pass/public/en

### STEP 2 좌석 선택하기

탑승열차를 선택했으면 좌석을 선택한다. 좌석의 등급은 시트석(sitting), 3등석(3-cl/open sleeping), 2등석(2-cl/sleeping comp), 1등석(1-cl/sleeping comp), 특실(deluxe)로 나뉜다.

**시트석sitting** 침대가 없는 좌석이다.

**3등석 3-cl/open sleeping** 열차 한 칸에 2층 침대 27개(총 54개)가 양쪽에 놓여 있는 형태다. 2층보단 1층이 더 저렴한 편이지만 많은 사람들이 들락날락하며 이용하기 때문에 소지품 도난 위험이 높다.

**2등석 2-cl/sleeping comp** 열차 한 칸에 총 9개의 객실이 있고, 각 객실에 4개 침대가 있다.

안전과 편안함을 위해서 2등석을 선택하는 여행자들이 많다.
1등석 1-cl/sleeping comp 2인 1실로 구성되며 여기에 전용 욕실과 샤워실이 추가된 객실이 특실이다.

### STEP 3 번호 선택하기

등급을 선택하면 좌석 번호를 선택할 수 있다. 3등석의 경우 1층은 짐 보관이 용이하고, 2층은 통로를 지나가는 사람들에게서 조금 더 자유로울 수 있다.

### STEP 4 승객 정보 입력

좌석을 선택하고 나면 승객 정보를 입력해야 한다. 자신의 이름과 여권번호, 성별, 국적, 생년월일을 정확하게 입력한다.

### STEP 5 최종 확인 및 결제

선택한 열차의 출발 날짜와 시간, 객실 등급과 좌석, 개인정보가 정확하게 입력되었는지 확인하고 결제한다. 결제 후에는 e-ticket이 바로 발급되므로 출력해 놓는 것이 좋다.

## TRS 완전정복

❶ 화장실 및 샤워실 화장실은 객차당 보통 두 개가 있다. 샤워시설은 특실을 제외하곤 없다. 샤워가 필요할 경우 별도 요금(100~200rub)을 직원에게 내고 사용할 수 있고, 정차역에 있는 샤워장을 이용할 수도 있다(유료).

❷ 식사 열차에는 별도의 식당칸을 운영하고 있지만, 가성비가 떨어지는 관계로 컵라면이나 국밥처럼 뜨거운 물만 부어서 먹을 수 있는 식품들이나 즉석밥, 빵, 밑반찬 등을 준비해 가면 좋다. 음식이 다 떨어졌을 경우 정차역에서 구입할 수도 있다.

❸ 준비물 물티슈, 슬리퍼, 텀블러, 타월(세면도구), 지퍼락, 오락용품(움직이는 열차 안에서는 인터넷 연결이 되지 않으므로 영화나 음악은 꼭 USB 같은 이동식 디스크에 저장해 가도록 하자)

❹ 주의사항 TSR은 850개 역을 정차한다. 작은 역은 잠시 승객을 태우고 내려주고 지나가지만, 주요 역에서는 10분 이상 정차한다. 정차역 매점이나 샤워장을 이용할 경우 반드시 직원에서 정차 시간을 물어보고 이동하도록 해야 한다. 소지품은 도난에 유의하도록 한다.

## TRS 주요 정차역

### ❶ 모스크바 Moscow Москва

'겨울왕국' 러시아의 정치, 경제, 문화 수도이자 유럽 최대 도시인 모스크바는 시베리아 횡단철도 출발점이자 종착점이다.

VISIT 크렘린, 붉은 광장, 구세주 성당, 바실리 성당, 차리치노, 트레치아코프미술관, 이즈마일로보

### ❸ 예카테린부르크 Yekaterinburg Екатеринбург

유럽과 아시아를 나누는 경계 도시로 도시 서쪽 40km에 그 경계가 되는 오벨리스크가 있다. 우랄산맥의 천연 자원과 스탈린의 공업, 군수 산업 우선 정책의 최대 수혜 도시로 현재도 러시아에서 제일 발전 속도가 빠른 곳이다. 시내 중심부에 만든 거대한 인공호수와 운하, 지하철만 보더라도 이 도시의 수준을 짐작할 수 있다.

VISIT 피의 사원(러시아 마지막 황제 니콜라이 2세의 유폐와 사살을 기리는 장소), 중앙경기장, 옐친박물관

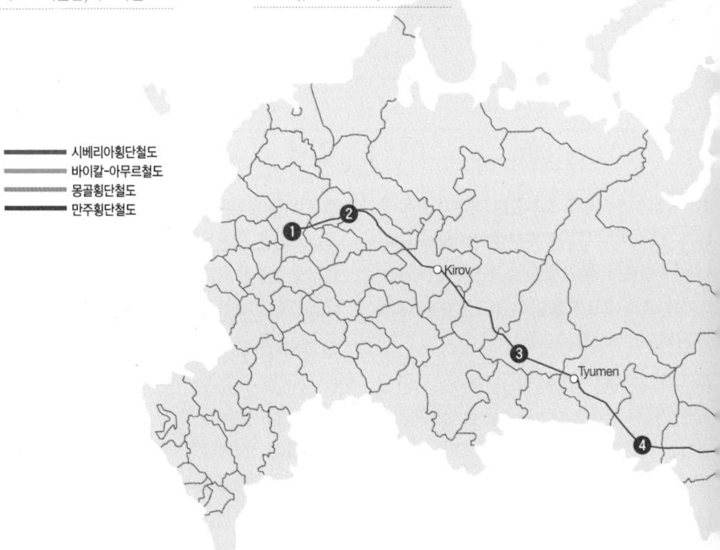


### ❷ 니즈니 노브고로드 Nizhnii Novgorod Нижний Новгород

1221년 생겨난 유서 깊은 도시. 볼가강과 오카강이 만나는 지정학적 특성 때문에 전쟁 물자의 보급로로 사용되기도 했다. 막심 고리키의 고향으로 1932~1990년까지 '고리키'라는 지명으로 불리기도 했다.

VISIT 니즈니 노브고로드 크렘린, 알렉산드르 넵스키 성당, 푸시킨박물관, 고리키 박물관, 고리키 극장

### ❹ 옴스크 Omsk Омск

서시베리아 개척의 중심지 역할을 한 도시지만, 한때 도시 곳곳에 있던 요새를 감옥으로 사용하면서 러시아 전역에서 몰려온 죄수들의 도시이기도 했다. 도스토옙스키가 이곳에 수감 되어 집필한 이 「죽음의 집의 기록」 에서 당시 도시 상황을 알 수 있다. 시베리아 송유관이 연결되면서 정유, 석유화학 공업이 크게 발달하였다.

VISIT 옴스크 대성당, 세라피노 알렉시에브스키예배당, 우스페니자 대성당, 전쟁박물관, 역사박물관

### ❺ 노보시비르스크 Novosibírsk Новосиби́рск

시베리아 제1의 도시이자 러시아 전체에서도 세 번째로 큰 도시. 레닌과 스탈린의 전폭적인 지원 아래 공업 도시로 발전했으며 대학과 연구기관이 몰려오면서 학술도시로 유명한 곳이다.

VISIT 오페라극장, 플라네타륨, 넵스키 성당, 니콜라스 성당, 철도박물관

### ❻ 크라스노야르스크 Krasnoyarsk Красноярск

시베리아의 대표적인 중공업도시로 급격한 발전을 이루었고, 30여 개 교육기관을 비롯해 V. 수리코프의 생가와 박물관이 있는 역사문화교육 도시다.

**VISIT** 포크로프스키 성당, 성 수태고지 성당, 파라스케바 성당, 민족학 박물관, 수리코프 박물관

### ❼ 이르쿠츠크 Irkutsk Иркутск

'시베리아의 파리'라 불리는 문화와 예술의 도시이자 바이칼 호수로 가기 위한 길목. 19세기 러시아 지식인들이 이곳으로 유배를 오면서 낭만과 예술의 도시로 탈바꿈하는 계기가 되었다.

**VISIT** 모스크바문, 야콥 동상, 키로프 광장, 카잔 성당 볼콘스키 저택, 중앙시장, 그리스도출현교회, 구세주교회 영원한 불꽃, 로마가톨릭교회, 레닌 거리, 오흘로프코프 극장, 서커스, 시립 아동청소년 창작궁전

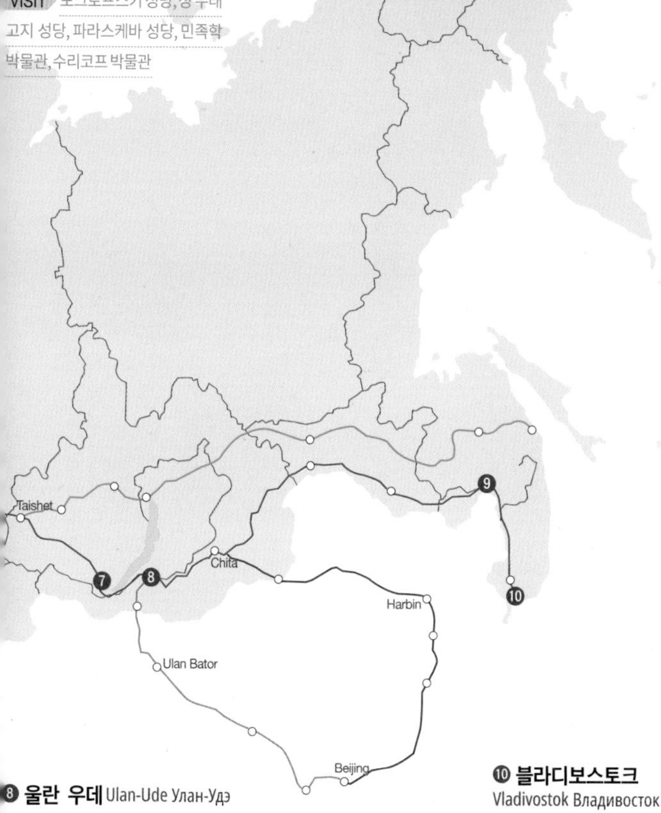

### ❽ 울란 우데 Ulan-Ude Улан-Удэ

바이칼과 몽골 사이에 있는 지역으로 몽골을 지나 중국 베이징까지 연결되는 국제 철도의 분기역이 되면서 급성장했다. 도시 전체에서 몽골과 불교 문화를 느낄 수 있는 장소들이 많아 러시아 속 아시아를 경험할 수 있는 도시다.

**VISIT** 이볼진스키 사원(러시아 최대 불교사원), 레닌 동상(세계 최대 크기), 아르바트거리, 오페라하우스, 오디기트리예브스키 성당

### ❾ 하바롭스크 Khabarovsk Хабаровск

러시아 탐험가 하바로프의 이름을 따서 명명된 극동 최대 도시로 1858년 군사기지가 건설되면서 본격적으로 성장하게 되었다.

**VISIT** 예수변모성당, 성모승천사원, 아무르 강변, 레닌광장(분수대)

### ❿ 블라디보스토크 Vladivostok Владивосток

시베리아횡단열차의 종착점으로 러시아의 대표적인 군사도시이자 극동 최대의 무역도시다. 2012년 열린 APEC 정상회의를 앞두고 루스키섬이 개발되면서 러시아에서 가장 빠르게 성장하고 있는 도시 중 하나다.

**VISIT** 포킨 제독 거리, 독수리전망대, 아르세니예프박물관, 잠수함박물관, 요새박물관, 니콜라이 개선문

# 여행 준비

여권과 비자 | 증명서 발급 | 항공권 예약 | 여행자 보험
여행 준비물 | 공항 가는 길 | 탑승 수속 & 출국 | 위급 상황 대처법
여행 러시아어 | 인덱스

# 여권과 비자

## 1 여권 발급

여권을 처음으로 발급 받는 경우, 또는 유효기간 만료로 신규 발급 받는 경우로 나눌 수 있다. 여권 신청부터 발급까지는 보통 3일 정도가 소요되며, 유효기간이 6개월 미만 남은 여권의 경우 입국을 불허하는 국가가 있으므로 미리 확인하고 재발급 받아야 한다.

### 여권 발급 정보

**발급대상**

대한민국 국적을 보유하고 있는 국민

**접수처**

전국 여권사무 대행기관 및 재외공관

**구비서류**

여권발급신청서(외교부 여권 안내 홈페이지에서 다운로드 또는 각 여권발급 접수처에 비치된 서류 수령 가능), 여권용 사진 1매(6개월 이내에 촬영한 사진. 단, 전자여권이 아닌 경우 2매), 신분증, 병역관계서류(25~37세 병역미필 남성: 국외여행 허가서, 만 18~24세 병역 미필 남성: 없음, 기타 만 18세~37세 남성: 주민등록 초본 또는 병적증명서)

**수수료**

단수 여권 2만 원, 복수 여권 5년 4만 2,000원(24면) 또는 4만 5,000원(48면), 복수 여권 10년 5만 원(24면) 또는 5만 3,000원(48면)

## 2 비자 발급

국가 간 이동을 위해서는 원칙적으로 비자가 필요하다. 비자를 받기 위해서는 상대국 대사관이나 영사관을 방문해 방문 국가가 요청하는 서류 및 사증 수수료를 지불해야 하며 경우에 따라서는 인터뷰도 거쳐야 한다. 다만 국가 간 협정이나 조치에 의해 무비자 입국이 가능한 국가들이 있으니 자세한 국가 정보는 외교부 홈페이지를 통해 확인하자.

**외교부 홈페이지** www.passport.go.kr/new

# 증명서 발급

## 1 국제운전면허증

해외에서 렌터카를 이용하려면 국제운전면허증(www.safedriving.or.kr)을 발급받아야 한다. 신청 방법은 한국면허증, 여권, 증명사진 1장을 가지고 전국 운전면허시험장이나 가까운 경찰서로 가서 7,000원의 수수료를 내면 된다. 렌터카 이용 시에는 국제운전면허증뿐만 아니라 여권과 한국면허증을 반드시 모두 소지하고 있어야 한다.

> **Tip 영문 운전면허증 발급받기**
>
> 2019년 9월부터 발급되는 운전면허증 뒷면에는 소지자 이름과 생년월일 등의 개인 정보와 면허 정보가 영문으로 표기된다. 이에 따라 영국·캐나다·싱가포르 등 최소 30개국에서 이 영문 면허증을 그대로 사용할 수 있게 된다. 영문 운전면허증이 인정되는 국가 상세 내역은 도로교통공단 홈페이지를 통해 확인할 수 있다.
>
> **도로교통공단 홈페이지** www.koroad.or.kr

## 2 국제학생증

학생일 경우 국제학생증을 챙겨 가면 유적지, 박물관 등에서 다양한 할인 혜택을 받을 수 있다. 발급은 홈페이지를 통해 가능하며 유효 기간과 혜택에 따라 1만 7,000원~3만 4,000원의 수수료를 지불하면 된다.

**국제학생증 홈페이지** www.isic.co.kr

## 3 병무/검역 신고

### 병무 신고

국외여행허가증명서를 제출해야 하는 대상자라면, 사전에 병무청에서 국외여행 허가를 받고 출국 당일 법무부 출입국에 들러 서류를 내야 한다. 출국심사 시 증명서를 소지하지 않으면 출국이 지연, 또는 금지될 수 있다.

[인천공항 법무부 출입국] 전화 032-740-2500~2 운영 06:30~22:00

**병무신고 대상자**

25세 이상 병역 미필 병역의무자(영주권으로 인한 병역 연기 및 면제자 포함) 또는 현재 공익근무요원 복무자, 공중보건의사, 징병전담의사, 국제협력의사, 공익법무관, 공익수의사, 국제협력요원, 전문연구요원, 산업기능요원 등 대체복무자.

**검역 신고**

사전에 입국하고자 하는 국가의 검역기관 또는 한국 주재 대사관을 통해 검역 조건을 확인하고, 요구하는 조건을 준비해야 한다. 공항에 도착하면 동물·식물 수출검역실을 방문하여 수출동물 검역증명서를 신청(항공기 출발 3시간 전)하여 발급받는다.

[축산관계자 출국신고센터] 전화 032-740-2660~1 운영 09:00~18:00

**필수 구비 서류**

광견병 예방접종증명서(생후 90일 미만은 불필요), 건강증명서(출국일 기준 10일 이내 발급) 추가 구비 서류 광견병 항체 결과증명서, 마이크로칩 이식, 사전수입허가증명서, 부속서류 등이 필요하다.

발급수수료 1만~3만 원

## 항공권 예약

항공권 가격은 여행 시기, 운항 스케줄, 항공편(항공사), 좌석 등급, 환승 여부, 수하물 여부, 마일리지 적립률 등에 따라 달라진다. 일단 여행 계획이 세워졌다면 가능한 빨리 항공권을 예매해야 저렴한 가격에 구할 수 있다. 스카이스캐너, 네이버항공권, 인터파크 등을 비롯한 온/오프라인 여행사와 소셜 커머스를 활용하면 보다 쉽게 항공권 가격을 비교할 수 있다.

### 전자항공권(E-ticket) 확인

항공권 결제가 끝나면 이메일로 전자항공권을 수령한다. 이 전자항공권은 예약번호만 알아두어도 실제 보딩패스를 발권하는 데 무리가 없으나, 만약을 대비해 출력하고 소지하는 것이 좋다.

**Tip 항공권, 야무지게 예약하는 법**

**1 항공사 홈페이지** 가격 비교 사이트를 주로 이용하는 여행자들이라면 항공사 홈페이지의 특가 상품을 간과하기 쉽다. 항공사에서는 출발일보다 1달, 혹은 그 이상 앞서 예약하는 이들을 위해 '얼리 버드' 상품을 내어 놓거나, 출발-도착일이 이미 정해진 특별 프로모션 상품을 왕왕 걸어 둔다. 저렴한 항공권을 얻고 싶다면 항공사 SNS 계정이나 홈페이지를 자주 살필 것.

**2 여행사 홈페이지** 이른바 '땡처리' 항공권이 가장 많이 쏟아지는 플랫폼이 바로 여행사 홈페이지다. 주요 여행사 홈페이지에서 [항공] 카테고리로 들어가면 출발일이 임박한 특가 항공권을 확인할 수 있다. 이런 상품은 금세 매진되므로, 계획하고 있는 여정과 맞는 항공권이라면 주저하지 말고 예약하는 것이 좋다.

**3 가격 비교 웹사이트·모바일 애플리케이션** 가장 대중적인 항공권 예약 방법이다. 이때 해당 웹사이트의 모바일 애플리케이션을 활용하면 추가 할인 코드, 모바일 전용 상품 등을 통해 보다 다채로운 예약 혜택을 얻을 수 있다.

## 여행자 보험

사건 사고에 대처하기 힘든 해외 체류 기간 동안 여행자 보험은 여러모로 큰 힘이 되어준다. 보험 가입이 필수는 아니지만, 활동 중 상해를 입거나 물건을 도난 당하는 경우 등 불의의 사고로부터 금전적인 손실을 막을 수 있기 때문이다. 가입은 보험사 대리점이나 공항의 보험사 영업소 데스크를 직접 찾아가거나, 온라인/모바일 애플리케이션을 이용해 간단히 처리할 수 있다. 보험사에 따라 보장받을 수 있는 금액이나 보장 한도에 차이가 있으니 나에게 맞는 보험을 꼼꼼하게 따져보는 것이 좋다.

### 사고 발생 시 대처법

귀국 후 보험금을 청구할 때 반드시 제출해야 하는 서류는 다음과 같다.

**해외 병원을 이용했을 시**

진단서, 치료비 명세서 및 영수증, 처방전 및 약제비 영수증, 진료 차트 사본 등을 챙겨두자.

**도난 사고 발생 시**

가까운 경찰서에 가서 신고를 하고 분실 확인 증명서(Police Report)를 받아 둔다. 부주의에 의한 분실은 보상이 되지 않으므로, 해당 내용을 '도난(stolen)' 항목에 작성해야 보험금을 청구할 수 있다.

**항공기 지연 시**

식사비, 숙박비, 교통비와 같은 추가 비용이 보장되는 보험에 가입한 경우에는 사용한 경비의 영수증을 함께 제출해야 한다.

## 여행 준비물

다음은 출국을 앞둔 여행자가 반드시 챙겨야 하는 여행 준비물 체크 리스트다. 기본 준비물 항목은 반드시 챙겨야 하는 필수 물품이고, 의류 잡화 및 전자용품과 생활용품은 현지 환경과 여행자 개인 상황에 따라 알맞게 준비하면 된다.

| 분류 | 준비물 | 체크 | 분류 | 준비물 | 체크 |
|---|---|---|---|---|---|
| 기본 준비물 | 여권 | | 의류 및 잡화 | 상의 및 하의 | |
| | 여권 사본 | | | 속옷 및 양말 | |
| | 항공권 E-티켓 | | | 겉옷 | |
| | 여행자보험 | | | 운동화 | |
| | 현금(현지 화폐) 및 신용카드 | | | 실내용 슬리퍼 | |
| | 국제운전면허증 또는 국제학생증<br>(렌터카 이용 및 학생 할인에 사용) | | | 보조가방 | |
| | 숙소 바우처 | | | 우산 | |
| | 현지 철도 패스 | | 전자용품 | 멀티플러그 | |
| | 여행 가이드북 | | | 카메라 | |
| | 여행 일정표 | | | 휴대폰 | |
| | 필기도구 | | | 각종 충전기 | |
| | 상비약 | | 생활용품 | 화장품 | |
| | 세면도구 및 수건 | | | 여성용품 | |

## 공항 가는 길

여행의 관문, 인천국제공항으로 떠난다. 탑승할 항공편에 따라 목적지는 제1여객터미널과 제2여객터미널로 나뉜다. 두 터미널 간 거리가 상당하므로(자동차로 20여 분 소요) 출발 전 어떤 항공사와 터미널을 이용하는지 반드시 체크해야한다.

### 터미널 찾기

**제1여객터미널(T1)** 아시아나항공, 제주항공, 진에어, 티웨이항공, 이스타항공, 기타 외항사 취항)
**제2여객터미널(T2)** 대한항공, 델타항공, 에어프랑스, KLM네덜란드항공, 아에로멕시코, 알이탈리아, 중화항공, 가루다항공, 샤먼항공, 체코항공, 아에로플로트 등 취항)

**자동차를 이용하는 경우**
귀국 후 다시 자동차를 이용할 예정이라면, 인천국제공항 장기주차장을 이용해도 좋다. 소형차 1일 9,000원, 대형차 1일 12,000원이며 자세한 내용은 홈페이지를 통해 확인할 수 있다.
**영종대교 방면**
공항 입구 분기점에서 해당 터미널로 이동
**인천대교 방면**
공항신도시 분기점에서 해당 터미널로 이동
**인천공항공사** www.airport.kr

**공항리무진(서울·경기 지방버스)을 이용하는 경우**
**공항 도착**
출발지 → 제1여객터미널 → 제2여객터미널
**공항 출발**
제2여객터미널 → 제1여객터미널 → 도착지
**공항리무진** www.airportlimousine.co.kr

**공항철도를 이용하는 경우**
노선 서울역 → 공덕 → 홍대입구 → 디지털미디어시티 → 김포공항 → 계양 → 검암 → 청라 국제도시 → 영종 → 운서 → 공항화물청사 → 인천공항 1터미널 → 인천공항 2터미널
**운영** 일반열차 첫차 05:23, 막차 23:32(직통열차 첫차 05:20 막차 22:40) **공항철도 홈페이지** www.arex.or.kr

**무료 순환버스(터미널 간 이동)**
제1터미널 → 제2터미널 15분 소요(15km) 제1터미널 3층 8번 출구에서 탑승(배차 간격 5분)
제2터미널 → 제1터미널 18분 소요(18km) 제2터미널 3층 4,5번 출구에서 탑승(배차 간격 5분)
**인천공항공사** www.airport.kr

**Tip 도심공항터미널에서 수속하기**

서울역, 삼성동, 광명역에 위치한 도심공항터미널을 이용해 미리 탑승수속, 수화물 위탁, 출국심사에 이르는 과정을 마칠 수 있다. 다만 항공편이나 항공사 사정에 따라 이용 불가한 경우도 있으므로 사전에 홈페이지를 통해 상세 정보를 확인해야 한다.

**서울역**
**탑승수속** 05:20~19:00(대한항공은 3시간 20분 전 수속 마감) | **출국심사** 07:00~19:00
**입주 항공사** 대한항공, 아시아나항공, 제주항공 이스타항공, 티웨이항공, 진에어
**공항철도 홈페이지** www.arex.or.kr

**삼성동**
**탑승수속** 05:20~18:30(항공기 출발 3시간 20분 전 수속 마감) | **출국심사** 05:30~18:30
**입주 항공사** 대한항공, 아시아나항공, 제주항공, 타이항공, 카타르항공, 싱가포르항공, 에어캐나다, 유나이티드항공, 에어프랑스, 중국동방항공, 상해항공, 중국남방항공, 델타항공, KLM네덜란드항공, 이스타항공 진에어
**한국도심공항 홈페이지** www.calt.co.kr

**광명역**
**탑승수속** 06:30~19:00(대한항공은 3시간 20분 전 수속 마감) | **출국심사** 07:00~19:00
**입주 항공사** 대한항공, 아시아나항공, 제주항공, 티웨이항공, 에어서울, 진에어, 이스타항공
**광명역 도심공항터미널 홈페이지** www.letskorail.com/ebizcom/cs/guide/terminal/terminal01.do

# 탑승 수속 & 출국

## 1 탑승 수속

공항에 도착했다면 탑승 수속(Check-in)을 시작해야 한다. 항공사 카운터에 직접 찾아가 체크인하는 것이 가장 일반적이지만, 무인단말기(키오스크)를 통해 미리 체크인을 한 뒤 셀프 체크인 전용 카운터를 이용해 수하물만 부쳐도 무방하다. 좌석을 직접 지정하고 싶다면 웹사이트나 모바일 애플리케이션을 이용해 미리 온라인 체크인을 해도 좋다(항공사마다 환경이 서로 다를 수 있다).

### 수하물 부치기

항공사 규정(부피, 무게 규정이 항공사마다 상이하다)에 따라 수하물을 부친다. 이때 위탁할 대형 캐리어는 부치고, 기내에서 소지할 보조가방은 챙겨 나온다. 위탁 수하물과 기내 수하물은 물품의 반입 가능 여부가 까다로우므로 아래 체크 리스트를 미리 꼼꼼히 살펴야겠다. 수하물을 부칠 때 받는 수하물표(배기지 클레임 태그 Baggage Claim Tag)는 짐을 찾을 때까지 보관해야 한다.

반입 제한 물품

**기내 반입 금지 물품** 인화성 물질, 창과 도검류(칼, 가위, 기타 공구, 칼 모양 장난감 포함), 100㎖ 이상의 액체, 젤, 스프레이, 기타 화장품 등 끝이 뾰족한 무기 및 날카로운 물체, 둔기, 소화기류, 권총류, 무기류, 화학물질과 인화성 물질, 총포·도검·화약류 등 단속법에 의한 금지 물품

**위탁 금지 수하물** 보조배터리를 비롯한 각종 배터리, 가연성 물질, 인화성 물질, 유가증권, 귀금속 등(따라서 배터리, 귀금속, 현금 등 긴요한 물품은 기내 수하물로 반입하면 된다)

## 2 환전/로밍

### 환전

여행 중에는 소액이라도 현지 화폐를 비상금 명목으로 지니고 있는 것이 좋다. 따라서 환전은 여행 전 반드시 준비해야 하는 과정이다. 주요 통화가 쓰이는 경우는 물론, 현지에서 환전해야 하는 경우에도 미리 달러화를 준비해야 하기 때문이다. 환전은 시내 은행, 인천국제공항 내 은행 영업소, 온라인 뱅킹과 모바일 앱을 통해 처리할 수 있다. 자세한 방법은 p.018을 참고한다.

### 로밍

국내 통신사 자동 로밍을 이용하면 자신의 휴대전화 번호를 그대로 해외에서 사용할 수 있다. 경

우에 따라서는 현지 선불 유심을 구입하거나, 포켓 와이파이를 대여하는 것이 보다 합리적이다.

## 3 출국 수속

보딩패스와 여권을 확인 받았다면 이제 출국장으로 들어선다. 만약 도심공항터미널에서 출국심사를 마쳤다면 전용 게이트를 통해 들어가면 된다(외교관, 장애인, 휠체어이용자, 경제인카드 소지자들도 별도의 심사대를 통해 출입국 심사를 받을 수 있다).

### 보안검색

모든 액체, 젤류는 100㎖ 이하로 1인당 1L이하의 지퍼락 비닐봉투 1개만 기내 반입이 허용된다. 투명 지퍼락의 크기는 가로·세로 20cm로 제한되며 보안 검색 전에 다른 짐과 분리하여 검색요원에게 제시해야한다. 시내 면세점에서 구입한 제품의 경우 면세점에서 제공받은 투명 봉인봉투 또는 국제표준방식으로 제조된 훼손 탐지 가능봉투로 봉인된 경우 반입이 가능하다. 비행 중 이용할 영유아 음식류나 의사의 처방전이 있는 모든 의약품의 경우도 반입이 가능하다.

### 출국 심사

검색대를 통과하면 출국 심사대에 닿는다. 심사관에게 여권과 보딩 패스를 제시하고 허가를 받으면 출국장으로 진입할 수 있는데, 이때 19세 이상 국민은 사전등록 절차 없이 자동출입국 심사대를 이용할 수 있다(만 7세~만 18세 미성년자의 경우 부모 동의 및 가족관계 확인 서류 제출). 개명이나 생년월일 변경 등의 인적 사항이 변경된 경우, 주민등록증 발급 후 30년이 경과된 국민의 경우 법무부 자동출입국심사 등록센터를 통해 사전등록 후 이용 가능하다.

### 면세 구역 통과 및 탑승

면세 구역에서 구입한 물품 중 귀중품 및 고가의 물품, 수출 신고가 된 물품, 1만USD를 초과하는 외화 또는 원화, 내국세 환급대상(Tax Refund) 물품의 경우 세관 신고가 필수다. 탑승을 하기 위해서는 출발 40분 전까지 보딩 패스에 적힌 탑승구(gate)에 도착해 대기해야 한다. 제1여객터미널의 경우 여객터미널(1~50번)과 탑승동(101~132번)으로 탑승 게이트가 나뉘어 있다. 탑승동으로 가기 위해서는 셔틀 트레인을 이용해야 하므로 시간을 넉넉히 잡아야 한다. 제2여객터미널은 3층 출국장에 230~270번 게이트가 위치해 있다.

**Tip** 공항 내 주요 시설

**긴급여권발급 영사민원서비스**

여권의 자체 결함(신원정보지 이탈 및 재봉선 분리 등) 또는 여권사무기관의 행정착오로 여권이 잘못 발급된 사실을 출국이 임박한 때에 발견하여 여권 재발급이 필요한 경우 단수여권을 발급받을 수 있다. 단, 여권발급신청서, 신분증(주민등록증, 유효한 운전면허증, 유효한 여권), 여권용 사진 2매, 최근 여권, 신청사유서, 당일 항공권, 긴급성 증빙서류(출장명령서, 초청장, 계약서, 의사 소견서, 진단서 등) 등 제출 요건을 갖춰야 한다.

**위치** [제1여객터미널] 3층 출국장 F카운터, [제2여객터미널] 2층 중앙홀 정부종합행정센터
**전화** 032-740-2777~8 **운영시간** 09:00~18:00 (토, 일 근무, 법정공휴일은 휴무)

**인하대학교병원 공항의료센터**

**위치** [제1여객터미널] 지하 1층 동편, [제2여객터미널] 지하 1층 서편 **전화** 032-743-3119 **운영시간** 08:30~17:30 (토 09:00~15:00, 일요일 휴무)

**유실물센터**

**T1 위치** 지하 1층 서편 **전화** 032-741-3110 **운영시간** 07:00~22:00
**T2 위치** 2층 정부종합행정센터 **전화** 032-741-8988 **운영시간** 07:00~22:00

**수화물보관·택배서비스**

**CJ대한통운 위치** T1 3층 B체크인 카운터 부근
**전화** 032-743-5306
**한진택배 위치** T1 3층 N체크인 카운터 부근
**전화** 032-743-5800
**한진택배 위치** T2 3층 H체크인 카운터 부근
**전화** 032-743-5835

# 위급상황 대처법

## 1 공항에서 수하물을 분실했을 때

공항 내에서 수하물에 대한 책임 및 배상은 해당 항공사에 있기 때문에, 수하물 분실 시 공항 내 해당 항공사를 찾아가야 한다. 화물인수증(Claim Tag)을 제시한 후 분실신고서를 작성하면 된다. 단, 공항 밖에서 수하물을 분실한 경우는 항공사에 책임이 없으므로, 현지 경찰에 신고해야 한다. 물건 분실 및 도난이 발생했을 때를 참조한다.

## 2 물건 분실 및 도난이 발생했을 때

분실 신고 시 신분 확인이 필수이므로, 여권을 지참해야 한다. 여행 전 가입해 둔 여행자보험을 통해 보상을 받기 위해서는 현지 경찰서에서 작성해 주는 분실 확인 증명서(Police Report)을 꼭 챙겨야 한다. 현지어가 원활하지 못해 의사소통이 힘들 경우엔 외교부 영사콜센터의 통역 서비스를 이용하면 편리하다(영어, 중국어, 일본어, 베트남어, 프랑스어, 러시아어, 스페인어 등 7개 국어 지원).

### 여권 분실

현지 경찰서에서 분실 확인 증명서(Police Report)을 받은 후, 대한민국 대사관 또는 총영사관으로 가서 분실 신고를 한다. 여권 재발급(귀국 날짜가 여유 있는 경우 발급에 1~2주 소요) 또는 여행 증명서(귀국일이 얼마 남지 않은 경우 바로 발급 가능)를 받으면 된다. 주로 바로 발급되는 여행 증명서를 신청한다.

### 신용카드 및 현금 분실(또는 도난)

특히 해외에서 신용카드 분실 시 위·변조 위험이 높으므로, 가장 먼저 해당 카드사에 전화하여 카드를 정지시키고 분실 신고를 해야 한다. 혹여 부정적으로 카드가 사용된 것이 확인될 경우, 현지 경찰서에서 분실 확인 증명서(Police Report)을 받아 귀국 후 카드사에 제출해야 한다. 해외여행 시 잠시 한도를 낮춰 두거나 결제 알림 문자서비스를 이용하는 것도 예방 방법 중 하나다.

급하게 현금이 필요한 상황이라면, 외교부의 신속해외송금제도를 이용해보자. 국내에 있는 사람이 외교부 계좌로 돈을 입금하면 현지 대사관 또는 총영사관을 통해 현지 화폐로 전달하는 제도다. 1회에 한하며, 미화 기준 $3,000 이하만 가능하다.

**홈페이지** 외교부 신속해외송금제도 www.0404.go.kr/callcenter/overseas_remittance.jsp

### 휴대폰 분실

해당 통신사별 고객센터로 전화하여 분실 신고를 한다.

**전화** SKT +82-2-6343-9000, KT +82-2-2190-0901, LGU+ +82-2-3416-7010

### 갑작스러운 부상 또는 여행 중 아플 때

현지 병원에서 진료를 받게 되면 국내 건강 보험이 적용되지 않아 상당 금액의 진료비가 청구된다. 이런 경우를 대비해 반드시 여행자보험을 가입하고 여행을 떠나는 것이 좋다.

### 긴급 연락처

**긴급 전화** 110

**대한민국 영사콜센터**

해외에서 대한민국 국민이 위급한 상황에 처했을 경우 도움을 주기 위해 대한민국 정부에서 운영하는 24시간 전화 상담 서비스이며, 연중무휴로 운영된다.

**전화** [국내 발신] 02-3210-0404, [해외 발신] 자동 로밍 시 +82-2-3210-0404, 유선전화 또는 로밍이 되지 않은 전화일 경우 현지국제전화코드 + 800-2100-0404 / + 800-2100-1304(무료), 현지국제전화 코드 + 82-2-3210-0404(유료)

# 여행 러시아어

## 기초 회화

| | | |
|---|---|---|
| 안녕하세요 | Здравствуйте | 즈드라스뜨부이쩨 |
| 감사합니다 | спасибо | 쓰빠씨바 |
| 좋습니다 | хорошо | 하라쇼 |
| 예 | да | 다 |
| 아니요 | Нет | 니옛 |
| 안녕히 계세요 | до свидания | 다 쓰비다니야 |
| 만나서 반가웠어요.<br>다음에 또 만나요 | Рад был повидаться.<br>До встречи. | 랏 빌 빠비닷쌰. 더브스트레치 |
| 실례합니다 | Простите | 쁘라쓰지쩨 |
| 미안합니다 | извините | 이즈비니쩨 |
| 괜찮습니다 | Ничего | 니체보 |
| 부탁합니다 | Прошу вас | 쁘라슈 바쓰 |
| 저는 한국사람입니다 | Я кореец | 야 까레이츠 |
| 반갑습니다.<br>제 이름은 ○○○입니다 | Очень приятно.<br>Меня зовут ○○○ | 오친 쁘리야뜨너. 미냐 자붓 ○○○ |
| 당신의 이름은 무엇입니까? | Можно узнать ваше имя? | 모즈너 우즈나찌 바쉐 이먀? |
| 영어 할 줄 아세요? | вы говорите<br>по-английски? | 븨 가바뤼쩨 빠 안글리스끼? |

■ 입국 심사

| | | |
|---|---|---|
| 국적이 어디입니까? | Какое у вас гражданство? | 깍꼬예 우바쓰 그라즈단스뜨보? |
| 한국입니다 | Я гражданин Республики Корея. | 야 그라즈다닌 리스뿌블리끼 까레야 |
| 방문 목적이 무엇입니까? | Цель вашего визита? | 쩰 바쉐버 비지따? |
| 관광입니다 | Туризм | 뚜리즘 |
| 얼마나 체류할 예정입니까? | Сколько вы будете здесь находиться? | 스껄리꺼 븨 부제쩨 즈제씨 나호짓쌰? |
| 어디에서 거주할 예정입니까? | Где вы остановитесь? | 그졔 븨 아스따나비쩨씨? |
| 호텔에서 머물 겁니다 | В отеле | 브아뗄예 |

■ 관광지에서

| | | |
|---|---|---|
| 관광안내소는 어디에 있나요? | Где есть бюро т уристической информации? | 그졔 예스찌 뷰로 뚜리스찌체스꼬이 인포르마찌? |
| 무료 지도가 있나요? | У вас есть бесплатные карты? | 우바쓰 예스찌 베스쁠라뜨늬예 까르띄? |
| 얼마인가요? | Сколько стоит? | 스꼴까 스또잇? |
| 투어는 얼마나 걸리나요? | Сколько времени занимает экскурсия? | 스꼴리꺼 브례메니 자니마옛 엑스꾸르씨야? |

■ 시내에서

| | | |
|---|---|---|
| 길을 잃었어요. 도와주세요 | Я заблудился. Помогите | 야 자블루질쌰. 빠마기쩨 |
| 여기가 어디쯤인가요? | Это какая остановка? | 에떠 깍까야 아스따노프까? |
| 저를 그곳까지 데려다 주시겠어요? | Могли бы вы меня проводить до того места? | 마글리 비 븨 미냐 쁘라바지찌 더따보 메스따? |
| 지하철역까지 가는 길을 알려주세요 | Расскажите, как дойти до станции метро? | 라스까쥐쩨, 깍더이찌 더스딴찌이 미뜨로? |
| 걸어서 갈 수 있을까요? | Туда можно дойти пешком? | 뚜다 모즈너 더이찌 삐쉬꼼? |
| 거기까지 가는 데 얼마나 걸릴까요? | Сколько времени нужно, чтобы добраться туда? | 스꼴리꺼 브레메니 누즈너, 슈또븨 더브랏싸 뚜다? |
| 지름길은 어떻게 가나요? | Какой туда кратчайший путь? | 깍꼬이 뚜다 끄랏차이쉬 뿌찌? |

■ 쇼핑할 때

| | | |
|---|---|---|
| 몇 시에 열어요? | Во сколько открывается? | 바쓰꼴꺼 앗끄리바옛쌰? |
| 몇 시에 닫아요? | Во сколько закрывается? | 바쓰꼴꺼 자끄리바옛쌰? |
| 저것 좀 보여 주세요 | Покажите то | 빠까쥐쩨 또 |
| 이거 입어 봐도 되나요? | Можно примерить? | 모즈나 쁘리메리쯔? |
| 이건 얼마예요? | Сколько это стоит? | 스꼴리꺼 에떠 스또잇? |
| 이 금액이 할인가인가요? | Это цена со скидкой? | 에떠 쩨나 싸스끼드꼬이? |
| 비싸요 | Это дорого | 에따 도로가 |
| 조금 깎아 주세요 | Сделайте скидку, пожалуйста. | 스딜라쩨 스끼드꾸, 빠잘루스따 |

■ 위급상황

| | | |
|---|---|---|
| 화장실은 어디예요? | Где туалет? | 그제 뚜왈렛? |
| 어디가 아프세요? | Что у вас болит? | 슈또 우바쓰 발릿? |
| 배가 아파요 | У меня болит живот | 우미냐 발릿 쥐봇 |
| 여기가 아파요 | Вот здесь болит | 봇 즈제씨 발릿 |
| 근처에 병원이 있어요? | Есть ли здесь поблизости больница? | 예스찌 리 즈제씨 빠블리조스찌 발니짜? |
| 사람 살려! | Спасите! | 스빠씨쩨! |
| 도와주세요! | Помогите! | 빠먀기쩨! |
| 경찰을 불러주세요 | Вызовите полицию | 븨조비쩨 빨리찌유 |

■ 호텔에서

| | | |
|---|---|---|
| 체크인하고 싶습니다 | Я хочу зарегистрироваться в гостинице | 야 하추 자레기스뜨리로바쌰 브가스찌니쩨 |
| 방을 예약하고 싶습니다 | Я хочу забронировать номер | 야 하추 자브로니로바찌 노메르 |
| 2인실을 원합니다 | Номер на двоих | 노메르 나드바이흐 |
| 1박에 얼마인가요? | Сколько стоит в сутки? | 스꼴리꼬 스또잇 브숫뜨끼? |
| 빈방 있나요? | У вас есть свободные номера? | 우바쓰 예스찌 스바보드늬예 노메라? |
| 세금과 봉사료가 포함된 요금인가요? | В эту цену входит налог и плата за обслуживание? | 브에뚜 쩨누 브호짓 날록 이 쁠라따 자압슬루쥐바니예? |
| 아침식사가 포함되어 있나요? | В эту цену входит завтрак? | 브에뚜 쩨누 브호짓 자프뜨락? |
| 아침식사는 언제 할 수 있나요? | Во сколько завтрак? | 바스꼴리꺼 자프뜨락? |
| 예약을 취소하겠습니다 | Я хочу отменить бронь | 야 하추 앗메니찌 브론 |
| 다른 방으로 바꿔주세요 | Поменяйте мне номер | 빠메냐이쩨 므녜 노메르 |
| 수건을 더 주세요 | Дайте еще полотенце | 다이쩨 이쇼 빨로쩬쩨 |
| 방을 청소해 주세요 | Уберите у меня в номере | 우베리쩨 우미냐 브노메레 |
| 방에 열쇠를 둔 채 문을 잠갔습니다 | Я оставил ключ в комнате и захлопнул дверь | 야 아스따빌 끌류치 브꼼나쩨 이 자흘로쁘눌 드베리 |
| 귀중품을 맡기고 싶습니다 | Я хочу сдать на хранение ценности | 야 하추 즈다찌 나흐라녜니예 쩬노스찌 |
| 열쇠를 맡아 주세요 | Хочу сдать ключ | 하추 즈다찌 끌류치 |
| 변기가 고장 났어요 | Унитаз сломался | 우니따스 슬로말쌰 |
| 방이 너무 추워요 | Очень холодно в номере | 오친 홀러드너 브노메레 |
| 온수가 나오지 않아요 | Нет горячей воды | 녯 가랴체이 바듸 |
| 체크아웃 하겠습니다 | Я хочу освободить номер | 야 하추 아스바바지찌 노메르 |
| 저녁까지 제 짐을 보관할 수 있을까요? | Можно сдать на хранение до вечера мои вещи? | 모즈너 즈다찌 나흐라녜니예 더베체라 마이 베쉬? |
| 영수증 주세요 | Дайте квитанцию | 다이쩨 끄비딴찌유 |

■ 레스토랑

| | | |
|---|---|---|
| 이 근처 추천할 만한 식당이 있습니까? | сть тут недалеко приличный ресторан? | 예스찌 뜻 녜달례꼬 쁘리리츠늬 레스또란? |
| 이 근처에 한국 식당이 있습니까? | Есть тут недалеко корейский ресторан | 예스찌 뜻 녜달례꼬 까레이스끼 례스또란? |
| 예약하고 싶어요 | Я хочу заказать столик | 야 하추 자까자찌 스똘릭 |
| 얼마나 기다려야 해요? | Сколько нужно ждать? | 스꼴리꺼 누즈너 즈다찌? |
| 저쪽 테이블로 옮기고 싶어요 | Я хочу пересесть за тот стол | 야 하추 뻬리쎄스찌 자 뜻 스똘 |
| 이 집에서 가장 인기 있는 메뉴는 뭐예요? | Какое здесь самое популярное блюдо? | 깍꼬예 즈졔씨 싸모예 빠뿔랴르노예 블류더? |
| 메뉴판을 보여주세요 | Пожалуйста, покажите меню | 빠좔스따, 빠가쥐졔 미뉴 |
| 영어메뉴판이 있나요? | У вас есть меню на английском языке? | 우바쓰 예스찌 메뉴 나안글리스꼼 이지께? |
| 냅킨 주세요 | Дайте салфетки | 다이쪠 쌀펫뜨끼 |
| 아주 맛있어요 | Очень вкусное | 오친 브꾸스노예 |
| 포장해 주세요 | Мне - на вынос | 므녜 – 나븨노쓰 |
| 계산서 주세요 | Дайте счет | 다이쪠 숏 |
| 신용카드로 계산해도 되나요? | Можно расплатиться кредитной карточкой? | 모즈너 라스쁠라찟싸 끄레짓뜨노이 까르또츠꼬이? |
| 따로 계산해 주세요 | Посчитайте за каждого отдельно | 빠스치따이쪠 자까즈도버 앗젤너 |

# Index

쇼핑



숙소

Best friends 베스트 프렌즈 시리즈 4

베스트 프렌즈
# 블라디보스토크

**발행일** | 초판 1쇄 2019년 11월 5일

**지은이** | 정성헌

**발행인** | 이상언
**제작총괄** | 이정아
**편집장** | 손혜린
**기획** | 프렌즈 편집부
**편집** | 강은주, 한혜선
**표지 디자인** | ALL designgroup
**내지 디자인** | 김미연, 변바희, 양재연, 정원경
**표지 사진** | ©Shutterstock

**발행처** | 중앙일보플러스(주)
**주소** | (04517) 서울시 중구 통일로 86 바비엥3 4층
**등록** | 2008년 1월 25일 제2014-000178호
**판매** | 1588-0950
**제작** | (02)6416-3892
**홈페이지** | jbooks.joins.com
**네이버 포스트** | post.naver.com/joongangbooks



ISBN 978-89-278-1059-9 14980
ISBN 978-89-278-1051-3(set)